地下ガスによる火災

―地下ガスとの共生（迷宮入り科学解明）―

Horie Hiroshi

堀江 博 ●著

高文研

水面に発生する気泡は地下ガス噴気であり、可燃性ガス（メタン等）である。

シンクルトン記念公園

前庭での気泡発生状況

口絵①　シンクルトン記念公園（新潟県胎内市）と前庭での気泡発生状況
（写真 0-1、p20）

地蔵岳　標高1674m

多様な気泡（ガス）が氷中にその形状を現している。

赤城山大沼湖畔
青木旅館H.P.より

赤城山
大沼

口絵②　アイスバブル（群馬県赤城山大沼にて）（写真 2-1、p75）

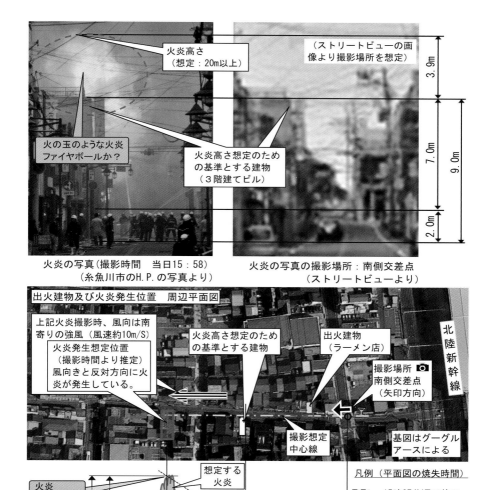

火炎高さ
（想定：20m以上）

（ストリートビューの画像より撮影場所を想定）

3.9m

火の玉のような火炎
ファイヤボールか？

火炎高さ想定のための基準とする建物
（３階建てビル）

7.0m

9.0m

2.0m

火炎の写真（撮影時間　当日15：58）
（糸魚川市のH.P.の写真より）

火炎の写真の撮影場所：南側交差点
（ストリートビューより）

出火建物及び火炎発生位置　周辺平面図

上記火炎撮影時、風向は南寄りの強風（風速約10m/S）

火炎高さ想定のための基準とする建物

出火建物
（ラーメン店）

北陸新幹線

火炎発生想定位置
（撮影時間より推定）
風向きと反対方向に火炎が発生している。

撮影場所 📷
南側交差点
（矢印方向）

撮影想定
中心線

基図はグーグル
アースによる

凡例（平面図の焼失時間）

：15時27分頃以前の
　焼失範囲

：上記時間から16時30
　分頃までの焼失範囲
（糸魚川市H.P.資料による）

火炎
想定高さ
20m以上

想定する
火炎

55m

72m

火炎高さ想定
のための基準
とする建物

21.3m

19.3m

10.9m

7.0m

3.9m

2.0m

撮影場所 📷
カメラ高さ（想定）

口絵③　火炎発生状況と想定高さ（図1-1、P34）

3

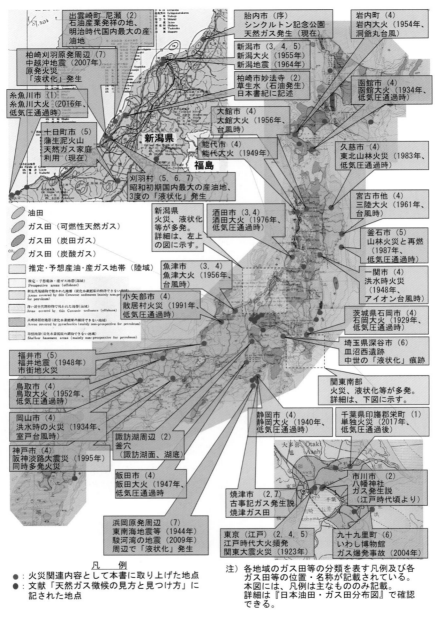

出雲崎町 尼瀬 (2)
石油産業発祥の地、
明治時代国内最大の産油地

胎内市 (序)
シンクルトン記念公園
天然ガス発生 (現在)

岩内町 (4)
岩内大火 (1954年、
洞爺丸台風)

柏崎刈羽原発周辺 (7)
中越沖地震 (2007年)
原発火災
「液状化」発生

新潟市 (3、4、5)
新潟大火 (1955年)
新潟地震 (1964年)

函館市 (4)
函館大火 (1934年、
低気圧通過時)

糸魚川市 (1)
糸魚川大火 (2016年、
低気圧通過時)

柏崎市妙法寺 (2)
草生水 (石油発生)
日本書紀に記述

十日町市 (5)
蒲生泥火山
天然ガス家庭
利用 (現在)

大館市 (4)
大館大火 (1956年、
台風時)

久慈市 (4)
東北山林火災 (1983年、
低気圧通過時)

新潟県

能代市 (4)
能代大火 (1949年)

福島

刈羽村 (5、6、7)
昭和初期国内最大の産油地、
3度の「液状化」発生

宮古市他 (4)
三陸大火 (1961年、
台風時)

油田

ガス田 (可燃性天然ガス)

ガス田 (炭化ガス)

CO₂ ガス田 (炭酸ガス)

推定・予想産油・産ガス地帯 (陸域)

新潟県
火災、液状化
等が多発。
詳細は、左上
の図に示す。

酒田市 (3,4)
酒田大火 (1976年、
低気圧通過時)

釜石市 (5)
山林火災と再燃
(1987年、
低気圧通過時)

一関市 (4)
洪水時火災
(1948年、
アイオン台風時)

魚津市 (3、4)
魚津大火 (1956年、
台風時)

小矢部市 (4)
散居村火災 (1991年、
低気圧通過時)

茨城県石岡市 (4)
石岡大火 (1929年、
低気圧通過時)

埼玉県深谷市 (6)
皿沼西遺跡
中世の「液状化」痕跡

福井市 (5)
福井地震 (1948年)
市街地火災

関東南部
火災、液状化等が多発。
詳細は、下図に示す。

鳥取市 (4)
鳥取大火 (1952年、
低気圧通過時)

岡山市 (4)
洪水時の火災 (1934年、
室戸台風時)

静岡市 (4)
静岡大火 (1940年、
低気圧通過時)

千葉県印旛郡栄町 (1)
単独火災 (2017年、
低気圧通過後)

神戸市 (4)
阪神淡路大震災 (1995年)
同時多発火災

諏訪湖周辺 (2)
釜穴
(諏訪湖面、湖底)

市川市 (2)
八幡神社
ガス発生説
(江戸時代頃より)

飯田市 (4)
飯田大火 (1947年、
低気圧通過時)

焼津市 (2,7)
古事記ガス発生説
焼津ガス田

浜岡原発周辺 (7)
東南海地震等 (1944年)
駿河湾の地震 (2009年)
周辺で「液状化」発生

東京 (江戸) (2、4、5)
江戸時代大火頻発
関東大震災火災 (1923年)

九十九里町 (6)
いわし博物館
ガス爆発事故 (2004年)

● : 火災関連内容として本書に取り上げた地点
● : 文献「天然ガス徴候の見方と見つけ方」に
記された地点

注) 各地域のガス田等の分類を表す凡例及び各
ガス田等の位置・名称が記載されている。
本図には、凡例は主なもののみ記載。
詳細は『日本油田・ガス田分布図』で確認
できる。

凡　例

口絵④　『日本油田・ガス田分布図』と火災関連内容とその位置図
（　　）内の数字等は本書の章を示す。(図 2-6、p62)

1976 年、旧通産省地質調査所より発行されたガス田分布図と火災関連内容の概要を示す。

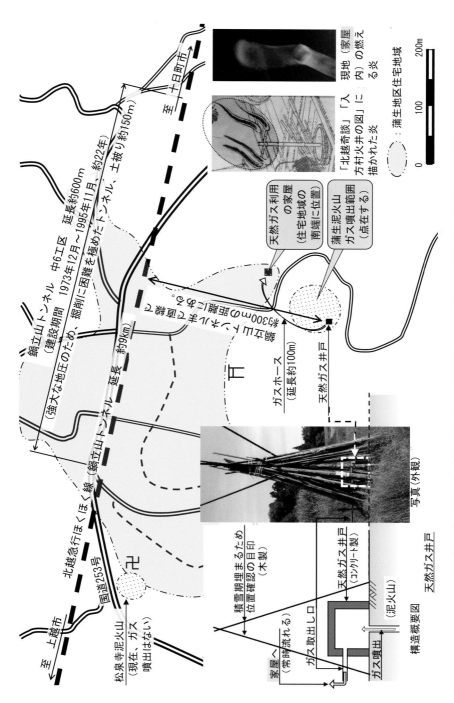

口絵⑤　ガス井戸とふき出し続ける炎（新潟県十日町市蒲生地区平面図）（図5-3、p147）

現地（家屋内）の燃える炎

「北越奇談」「入方村火井の図」に描かれた炎

──────：蒲生地区住宅地域

0　　　100　　　200m

天然ガス利用の家屋の位置（住宅地域の南端に位置する）

蒲生泥火山ガス噴出範囲（点在する）

ガスホース（延長約100m）

天然ガス井戸

写真（外観）

積雪期埋まるため位置確認の目印（木製）

家屋へ（常時流れる）

ガス取出し口

天然ガス井戸（コンクリート製）

ガス噴出（泥火山）

構造概要図　　天然ガス井戸

鍋立山トンネル　中6工区　延長約600m（建設期間　1973年12月〜1995年11月、約22年）掘削に困難を極めたトンネル、土被り約150m（強大な地圧のため）

至　十日町市

鍋立山トンネル　延長　約9km

北越急行ほくほく線　国道253号

松泉寺泥火山（現在、ガス噴出はない）

至　上越市

5

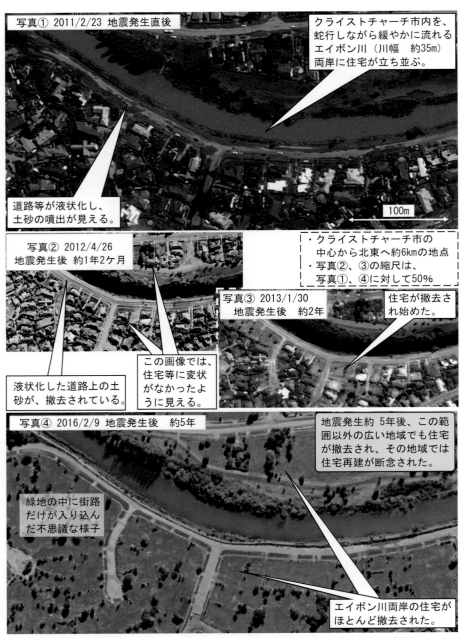

写真① 2011/2/23 地震発生直後

クライストチャーチ市内を、蛇行しながら緩やかに流れるエイボン川（川幅 約35m）両岸に住宅が立ち並ぶ。

道路等が液状化し、土砂の噴出が見える。

写真② 2012/4/26 地震発生後 約1年2ケ月

・クライストチャーチ市の中心から北東へ約6kmの地点
・写真②、③の縮尺は、写真①、④に対して50%

写真③ 2013/1/30 地震発生後 約2年

住宅が撤去され始めた。

この画像では、住宅等に変状がなかったように見える。

液状化した道路上の土砂が、撤去されている。

写真④ 2016/2/9 地震発生後 約5年

地震発生約5年後、この範囲以外の広い地域でも住宅が撤去され、その地域では住宅再建が断念された。

緑地の中に街路だけが入り込んだ不思議な様子

エイボン川両岸の住宅がほとんど撤去された。

口絵⑥ クライストチャーチ地震により液化流動被害を受けた街の変遷
（図 5-5、p155）

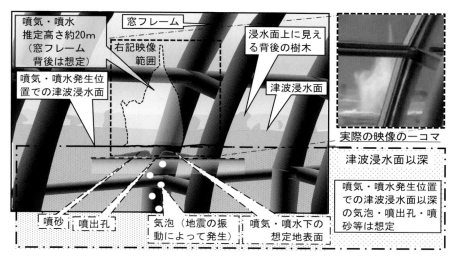

口絵⑦　津波浸水面での噴気・噴水状況図（図5-7、p164）
（YOU TUBE、ANN NEWS、視聴者提供画像より）

口絵⑧　高田（刈羽村）油田の風景（「北越西山油田高町鉱場」と記載）
（写真7-1、p216）

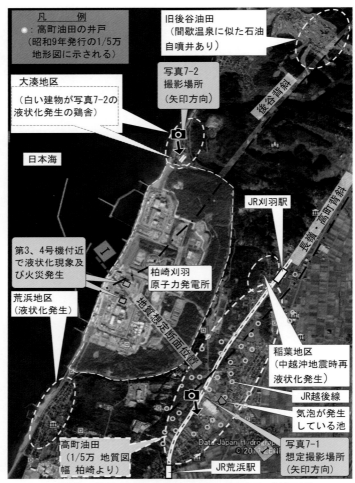

凡　　例
●：高町油田の井戸
　（昭和9年発行の1/5万
　　地形図に示される）

旧後谷油田
（間歇温泉に似た石油
自噴井あり）

大湊地区
（白い建物が写真7-2の
液状化発生の鶏舎）

写真7-2
撮影場所
（矢印方向）

後谷背斜

日本海

JR刈羽駅

長嶺・高町背斜

第3、4号機付近
で液状化現象及
び火災発生

柏崎刈羽
原子力発電所

荒浜地区
（液状化発生）

地盤想定断面位置

稲葉地区
（中越沖地震時再
液状化発生）

JR越後線

気泡が発生
している池

高町油田
（1/5万 地質図
幅 柏崎より）

JR荒浜駅

写真7-1
想定撮影場所
（矢印方向）

Data Japan Hydrographp
© 2017 ZEN...

口絵⑨　柏崎刈羽原子力発電所及び旧高町（刈羽村）
油田付近の概要平面図（図 7-1、p217）

鶏舎の裏手から、
原子力発電所用地

日本海側

鶏舎（民間用地）

屋根及び庇が波打ったまま残されている。
その部分に黒の点線（直線）を記入してあり、
大きく変形していることは明らかである。

口絵⑩　鶏舎の変状（写真 7-2、p220）

● 目 次

第三章　　出火原因不明とその背景

第四章　　地下ガスによる火災の実態

第五章　地下ガスによる火災と地震の関連性

第六章　学際的取組み

〈はじめに〉

　近年、放射線・ウイルス等の見えない敵が私たちに深刻な影響を及ぼしている。その解決策は未だ見いだされず、その敵との戦いは続いているが、各々の因果関係等は明らかであり、解決のための研究・検証等が進められている。放射線・ウイルス以外にも見えない敵として地下ガスがあり、私たちに大きな影響を及ぼしている。そして、地下ガスの影響は、有史以前から私たちの生活の中に入り込んでいるにもかかわらず、地下ガスと災害との因果関係は未だ明らかになっておらず、迷宮入りしている感がある。

　今回の、迷宮入り科学解明とは、主に、次の1点である。
・糸魚川大火に隠された出火原因解明

　糸魚川大火は、2016年12月、都市火災として、1976年の酒田大火以来40年ぶりに発生した。これら大火には不可思議な現象があり、出火原因は糸魚川大火では断定できず、酒田大火では不明であった。そして、糸魚川の市史には、「大火は名物の一つに数えられる」と書かれているように、両市を含め、多くの都市に大火史がある。

　筆者は、既に前著『地下ガスによる液状化現象と地震火災』を、この糸魚川大火の発生に前後して発行した。その著の「はじめに」で次の通り記した。

> 　今回の、迷宮入り科学解明とは、主に、次の2点である。
> 1、新潟地震時の液状化現象に隠された原因解明
> 2、関東大震災時の大火発生に隠された原因解明
>
> 　上記2つとも、不可思議な現象があり、必ずしも、原因究明がなされていると考えられていなかった。今日まで、隠れ、確認できなかった原因は、地下のガスであった。

　当時、この〝大火〟とは地震火災であり、地震火災以外の出火原因に、地下ガ

スがあるとは考えていなかった。

　2016年の年末、糸魚川で大火が発生し、「爆発音のような音が聞こえた」との記事が、その翌朝の新聞（2016年12月23日、朝日新聞）に載った。また、火の玉のような火炎の写真（参照：「口絵③〈図1-1〉火炎発生状況と想定高さ」、詳細は、第一章に記す）が、複数枚撮られていたが、その発生原因は明らかでない。

　糸魚川では過去同じような大火が繰り返し起きており、糸魚川だけでなく東京・函館等の数多くの都市に大火の歴史があり、それらの大火でも爆発音・火炎等を含む不可思議な現象が生じていた。1934年、「無残や到るところ死屍累々たり」とも表現された函館大火が起きており、一夜で2,000人以上が亡くなり、この糸魚川大火の焼失面積が4haであるのに対し、約100倍、416haが焼失した（本書巻頭の扉頁の写真はその惨状〈詳細は第四章に記す〉）。

　前著で、大規模な液状化現象が生じる都市の地下にガスが潜んでいると記したように、大火の歴史がある数多くの都市にも同じように潜んでいて、出火原因は、地下ガス噴気が関係している可能性が高い。

　また、我が国では火災が毎年約4万件発生していて、出火原因不明の火災も多い。それらの出火時にも、大火と同じように、不可思議な現象が起きている。今日まで、隠れ、確認できなかった出火原因の一つは、液状化現象・地震火災等と同じく地下ガスであった。

　この考えに至った火災の実態とそれに関連する検証結果を記す。そして、地下ガスに関連した不可解な現象は、液状化現象・地震火災だけでなく、多くの自然現象等に関連している。

　東京、糸魚川等の地下ガスが潜む多くの都市では、地下のガスと地上の大気との圧力バランスが保たれていて、そのガスは地下に貯留されているが、どのようにして、そのガスが地表に噴気するか。これまで、あまり認識されたことのない気圧が影響している。具体的には気圧低下時に、地下と地上の圧力差の変化によって、地下ガスが、自然現象の一つとして容易に地表へ噴気する。

　その視点からの原因究明がなされなかった理由は、私たちが「気圧」低下も

「地下ガス」噴気もほとんど感じることができないためである。また、地下ガスに可燃性ガスが含まれていても、その噴気だけでは火災は起きないが、発火源が見落とされていた。私たちの生活空間には多様な発火源があり、生活に不可欠な「電気機器」が発火源になると理解できても、「気圧」低下によって「地下ガス」噴気が生じた時に、「電気機器」が発火源と認識されることは少なく、火災が起きてもその出火原因は不明となっている。

　日々発生している火災の被害低減のためには、このような火災の解明が不可欠である。「気圧」、「地下ガス」、そして、「電気機器」等の発火源による火災は、火災学に関わる課題であるが、地学・気象学等に関わる課題であると共に、電気を含めた数多くの分野に関わる課題である。地学・気象学や電気等の分野での諸現象の解明が不可欠であり、それら現象の解明に基づく出火原因調査により、これまで出火原因不明であった火災が解明される。

　本書は、地下ガスが引き起こす火災に警鐘を鳴らすとともに、その防災・減災の考え方を示すものであるが、その地下ガスは、放射線・ウイルスと同じように見えないため、一般の方には理解しにくいと思われる。また、数多くの分野と地下ガスは関連しており、その関連性を知ってもらいたく、それら分野の専門的内容等を含め本書に書き記したため、分かりにくい点があると感じている。一般の読者には、それら専門的内容を除いて、ご一読願い、先ず、この警鐘を理解していただきたい。安全な生活を守るためには、防災・減災に取組まなければならない。本書がその一助になれば幸甚です。

序　章
地下ガスによる火災とは

・不可解な自然現象と自然災害

　「我が国は、その自然的条件から、各種の災害が発生しやすい特性を有しており……」この文章は、最近（2015 年からの 5 年間）の防災白書（内閣府防災担当部局編）の「第一部　我が国の災害対策の取り組み」の冒頭文であり、その後に「我が国は自然災害が多いことから……」と記されている。これらの記載は何年も同じように繰り返され、この状況は、昔も今もあまり変わっていない。また、諸外国においても、その災害の種類は違っても同様の状況にある。自然現象によって起こる自然災害は、多種・多様であり、私たちの安全な生活を奪っている。

　自然現象とは「<u>自然法則に従って起こると考えられていることがら</u>」である。〝<u>自然法則</u>〟が解明されれば、私たちは、その自然現象によって起こる災害の減災に取り組むことができる。しかし、〝<u>自然法則</u>〟が解明されていなければ、私たちは、減災に取り組むことができないだけでなく、拡大させてしまう。

　2016 年に発生した糸魚川大火（「第一章　糸魚川大火の概要と検証」に詳細を記す）は、ラーメン店のコンロの消し忘れが、出火原因であると消防機関等によって判定されているが、原因はそれだけでなく、解明されていない〝<u>自然法則</u>〟によって起きた不可解な自然災害であり、その解明されていない〝<u>自然法則</u>〟とは、私たちが見ることのできない地下ガス噴気であったと考えられる。

・出火原因不明と「地下ガスによる火災」

　『人類の歴史を変えた発明　1001』（注 0-1）によると、石器が人類最初の発明（紀元前 260 万年頃）であり、火が 2 番目の発明（紀元前 142 万年頃）とされている。そして、「<u>火を巧みに扱うことによって金属を製錬する道が開け、人類は石器時代の限界を乗り越える</u>のだった」と記されている通り、火は偉大な発明で、

「火の時代」は続いており、現在も欠くことができない。

　同書に「**落雷で自然発火した火を使ったのだろう**」と記されているように、火を使い始める前から、落雷による火災があり、今も落雷を含む多様な自然現象によって火災が起きている。

　多様な自然現象による火災の内、落雷による火災は、近年、都市部では避雷針の設置により少なくなっている。また、地震火災もその一つであり、地震動により建物が倒壊し、出火するとの考え方が支配的であったが、1995年の阪神・淡路大震災以降、地震火災が検証され、地震後に供給が止まっていた電気の復旧時に生じる通電火災が、火災の一つと考えられるようになった。しかし、その通電火災にも不可解な現象があり、そこには隠された別の原因「地下ガス噴気」がある。そして、地下ガス噴気は、地震時だけでなく、多様な状況下で発生しているにもかかわらず、火災等との関連性が理解されていなかった。その背景には、次の2点があると考える。

①地球内部に地下ガスがあり、多くの都市の地下に貯留されていることはあまり理解されていない。また、私たちはそのことを理解できても、気圧低下時等に発生する地下ガス噴気は見えず、ほとんど感じることもできない（「第二章　地下ガス貯留と噴気」に詳細を記す）。

②多様な原因で起きる火災の中で、都市ガス火災では、火災及び爆発の後、そのガスは燃焼・拡散しても、損傷した都市ガス設備等の証拠が残り、調査によって出火原因が解明される。それに対し、地下ガス噴気による火災では、火災及び爆発の後、そのガスは燃焼・拡散して、その証拠は残らず、調査しても出火原因不明となる（「第三章　出火原因不明とその背景」に詳細を記す）。

　これまで、地下ガス噴気による火災が発生するとの発想がなかった。

　筆者は、20年以上前、工事中の地盤掘削時に地下ガス噴気を経験した。その経験とその後の検証に基づき、既に前著『地下ガスによる液状化現象と地震火災』（注0-2）において、既成概念とは異なる「地下ガス噴気によって液状化現象が発生し、同様に、地下ガス噴気によって地震火災が発生する」との考えを示した。

　さらに、2016年の糸魚川大火後、その大火を含む多くの特異火災等の検証によって、地下ガス噴気は、地震時だけでなく気圧低下時にも、地表に発生すると

の考えに至り、得られた結論は次の通りである。

　地震時、地震動を主原因として、地下ガス噴気が地表に発生するように、地震時以外でも、気圧低下を主原因として、地下ガス噴気が地表に発生する。その地下ガス噴気が拡散されず、その箇所に、何らかの発火源があれば、火災が発生する。

　本書では、地震時以外に発生する火災を、地震火災とは区別し、通常火災とし、「地下ガスが地表にふき出すことによって発生する通常火災」を、「地下ガスによる火災」と定義する。

参考　0－1　水に浮かぶ泡沫と地下ガス噴気・火災
・水に浮かぶ泡沫
　「水に浮かぶ泡沫は儚いもの」と鎌倉時代、鴨長明によって方丈記に記され、科学技術が進歩した現代において、世界的にも、泡沫（バブル）は、実体のないものととらえられている。
　その水に浮かぶ泡沫、つまり、気泡（バブル）が川・湖・沼などの水面に浮かぶ現象は、今日でも多くの人が目にしている。気泡にはガスが入っており、私たちはガスそのものは見えないが、一時的に水に浮かぶ気泡を見て、ガス発生を認識できる。そして、そのガスは、水中からの発生でなく、その大半が地下からである（参照：「図0-2　地球断面モデル図（東京都心部の例）」及びその気泡写真）。

・地面上で見落とされる地下ガス噴気
　私たちは地面を普段の生活の場所としている。地下ガス噴気は、地面上にも、水面上にも発生しているが、地下ガス噴気による気泡発生は、水面上だけに発生するため、私たちは地面上に発生している地下ガス噴気を認識することはほとんどない。しかし、条件が揃えば地面上でも確認できる。その一地域が、日本最古の油田跡とされるシンクルトン記念公園（新潟県胎内市）であり、晴天時、水を地面に撒いただけで、そのわずかな水面に多くの気泡発生がある。つまり、地下ガス噴気があることを確認できる（参照：「写真

シンクルトン記念公園

水面に発生する気泡は
地下ガス噴気であり、
可燃性ガス（メタン
等）である。

前庭での気泡発生状況

写真0-1　シンクルトン記念公園（新潟県胎内市）と前庭での気泡発生状況
（口絵　1、カラー図　参照）

0-1　シンクルトン記念公園と前庭での気泡発生状況」）。全国の河面、湖沼面等
で気泡発生が数多くあるように、地下ガス噴気のある地域は全国に数多くあ
るが、その危険性が見落とされている。

・理解しにくい「地下ガスによる火災」

　私たちは生活の場である地面上で火気を使い、通常は水面直上で火気を使
うことはない。したがって、気泡発生がある水面直上で火災を発生させるこ
とは、津波火災等の特異例を除いてほとんどない。一方、火花を発する多様
な電気機器等は発火源であり、その電気機器等の火気を地上面で使用し、不
可解な火災を起こすことがあっても、私たちは地面上への地下ガス噴気を視
認できないため、「地下ガスによる火災」はほとんど理解できていない（電
気の発火源に関しては、「参考　2-2　発火源としての電気機器」に記す）。

　気泡（バブル）は、はかないものでも、実体のないものでもなかった。前

著に記したように、大量のバブルは私たちの想像を超える破壊力を持ち、地盤を破壊するだけでなく、人間が作った巨大な構造物を破壊する。また、そこに発火源があれば火災が引き起こされるが、気泡の実体を見誤り、多くの火災の出火原因を見落としていた。見落とされた地下ガス噴気による大火の例は、次の通りである（各々の詳細は次章以降に記す）。

　地震火災の代表例が、大正時代（1923年）に発生した関東大震災時の被服廠跡地での火災であり、その1か所だけで約3万6千人の方が亡くなった。また、通常火災の代表例は、2016年発生の糸魚川大火である。さらに、東日本大震災時に多発した津波火災もその例である。津波火災は、地震火災同様、地下でガス（可燃性ガス）発生があり、そのガスが地中及び水中を浮上し、津波浸水面上まで達し、その時、その水面上に津波によって浮遊した電気機器等の発火源と可燃物があれば、発生すると考えられる。

　「噴気」は、広辞苑では、「水蒸気その他のガスがふき出すこと」と記されている。一方、『新版地学事典』（注0-3）では、「噴気」は「火山ガス」と同じ用語として扱われている。本書では、「噴気」は、火山ガスに限らず、地下からふき出す全てのガス（可燃性ガスを含む）をその対象とするとともに、そのふき出す多様な形態を、その総称として「噴気」とする。地下深くでは複雑なガスの挙動があり、噴気は、その複雑な「地下ガス挙動」の一部で、地表へふき出た一瞬の状態である。本書では、主に、私たちの安全な生活を直接的に奪っている「噴気」に焦点を当てる。

・既成概念「地下ガスによる火災は起きない」

　放射線・ウイルス・地下ガス等は目には見えない。特に、放射線・ウイルスは人体に対して強い毒性があり、その対応に当たっては細心の注意が払われ、管理されなければならないと十分に理解されている。しかし、代表的な地下ガスであるメタンガスそのものは、人体に無害であり、地下に貯留されていることは理解されていても、ガスによる災害は軽視されているのが実態であろう（メタンガスに関しては、「2.3　地下ガスと噴気」に記す）。「地下ガスによる火災は起きない」

は、私たちの既成概念になっているのであろうが、なぜ、そのような既成概念が根付いているのか。その一つのヒントが『脳科学は人格を変えられるか？』（注0-4）にあり、その抜粋を記す。

> 　この世に生まれた瞬間から人間は、嗅覚や視覚、聴覚や触覚に訴える情報に四方から襲われる。だから赤ん坊の心はまさに<u>情報の嵐</u>の中にある。（中略）この情報の嵐を整理するのが脳の役目だ。無数の情報の中から重要なものだけを認識し、重要度が低いものはあまり注意を払わないよう調整する複雑な仕事を、脳は確実にこなさなくてはならない。（以下省略）

「地下ガスによる火災」は、気象要素の一つである「気圧」の影響を受けて「地下ガス」噴気が起き、発火源によって発生する。私たちは「気圧」「地下ガス」を感じることができず、発火源が「電気機器」の場合、その発火源も同じように感じることができない。私たちは、「地下ガスによる火災」を起こす「気圧」「地下ガス」「電気機器」を知識として認識していても、五感で認識できず、「地下ガスによる火災」は〝<u>情報の嵐</u>〟の中で掻き消され、現在の既成概念が根付いてしまっているのであろう。

　糸魚川大火は、「地下ガスによる火災」であり、この大火で死者はなかったが、函館大火も「地下ガスによる火災」であると考える。その前もその後も、大火は過去何度も起きていて、函館大火発生後、約90年経つが、それら大火の出火・延焼等の原因は解明されていない。

　その原因は、気圧低下による地下ガス噴気であり、何らかの火気があり、火災となった。その地下ガス噴気は、自然法則に従って、日々発生している自然現象であり、この既成概念 **「地下ガスによる火災は起きない」** は見直されなければならない。

・関連図面と用語及び関連分野

　本書に記す地下ガス噴気と地球との関連性を示す図面として「図0-1　地球の歴史—大気と地下ガスに関連する事象—」と「図0-2　地球断面モデル図（東京都心部の例）」を添付する。次章以降の内容を理解するための一助としてもらいたい。

　なお、本書で火災に関連するガスとして、天然ガス、可燃性ガス、或いはメタンガス等の用語を用いているが、これら用語は、特にこだわらない限り、地下にある天然、かつ可燃性のメタンガス等を意味することとし、「地下ガス」と記す。地下ガスは泡として水面に浮上し、その泡は、広辞苑によれば「**液体が空気を含んで、まるくふくれたもの。気泡。あぶく。<u>はかないもの</u>にたとえる**」である。本書では、この泡にも可燃性ガスが含まれるとする。また、気泡は英語でバブルであり、〝<u>はかないもの</u>〟の象徴であるかのように、「バブル経済」などと表現されているが、図 0-2 に示すように、私たちの身近な水面に、激しく浮き出てくることがあり、その存在は、はかなくない（地下ガス噴気による巨大な噴水を、「口絵⑦〈図 5-7〉津波浸水面での噴気・噴水の状況図」に示す）。

参考　０－２　用語の定義

　前著『地下ガスによる液状化現象と地震火災』で、新たな考え方を書き記したため、これまで用いられていなかった用語を新たに定義している。本書は、前著からの継続テーマであり、その用語を引き続き用いており、前著で定義した用語を、以下に記す。詳細は、次章以降に記しており、その内容を理解していただきたい。本書では、引用文での記載を除いて、この用語を用いる。

　（a）液状化と液化流動（参照：第五章）
①**液状化**：地震動などの繰り返し応力（応力：「**物体が荷重を受けたとき荷重に応じて物体の内部に生じる抵抗力**」広辞苑より）を受けた地層が、粒子間の有効応力（有効応力：「**土中で土粒子から土粒子に伝えられる平均垂直応力で、内部摩擦を生じるために有効なもの**」『土木用語辞典』〈コロナ社〉より）を失い（または、小さくなって）、浮遊（または浮遊に近い）状態になること。
②**液化流動**：地震動などの繰り返し応力を受けた地層が、液状化した状態で、地層の下方から、地下ガス等の影響で、揚圧力を受け、地下水及び土砂等が流体となり、吹き上がること。
　（注：これまで工学等の分野で「液状化」と呼ばれていた現象は、地下ガスの影響は考慮されていない。本書では、従来の液状化と区別するために、この地下

ガスの影響を考慮した現象を、**液化流動**と定義する。従来の液状化と称されていた現象は液化流動の一部と考え、本書ではこの用語を用いるが、前後の文脈から液化流動では理解しにくい場合は、「液状化」と記す)

(b) 深層噴流と逆噴流（参照：第五、六章）
①**深層噴流**：地震の振動により、地下深くの地下水中の溶存ガスが遊離する。遊離ガスは地下水中を浮上する。浮上途中に「透水性の低い地層」の下で、水が流れにくくなると共に、ガスがその層に接することにより、その層が一時的に「不透気層」となり、ガスは滞留する。滞留することにより、その上下で圧力差が生じる。その圧力差が限界に達すると、滞留していたガスが急激に流れ出し（浮上し始め）、その流れに伴って、地下水・土砂が噴流となって上昇する。その噴流を深層噴流と定義する。
②**逆噴流**：深層噴流中に、地下ガスが圧力差だけでなく、浮力の影響を受け、急激に噴出する。噴出が浮力により発生すると、噴出後、地下ガスが滞留していた範囲の圧力が周辺に比べ、一時的に、低くなる。その圧力差により、その範囲に、周辺から地下水及び土砂が流入する。地表からも、その範囲に向かって、吸い込まれるように、流れ込む現象が生じる。この流れが、逆噴流である。

(c) 限界透気圧（参照：第二、六章）
限界透気圧：飽和した土砂の下に、空気（気体）が滞留した場合、圧力差が低い状態では、不透気であり、ある一定の圧力差になると、透気が生じる。その透気が発生する時の圧力差を、限界透気圧とする。

　本書は「地下ガスによる火災」を検証し、その地下ガスとの共生を書き示すものであるが、地下ガスよって発生する自然現象は多様で複雑であり、火災のみに焦点を当ててもその全体像は見えてこない。全体像を明らかにするために、関連分野からも検証し、各章に記している。また、それらを俯瞰するために、その関連性を、「表 0-1　関連する科学分野等と各章とのマトリックス」に示している。関連分野の分類は、一般に広く利用されている図書分類、「日本十進分類法」（注

0-5) に従った。

　執筆にあたり、多くの文献等を参考・引用させてもらった。それらは、極力原文のままとしたが、理解しにくい部分に関しては一部現代文に修正させてもらった。数多くの分野に取り組んだため、筆者に理解不足がある事、また、その内容に不十分な点がある事等に関しては、ご容赦願い、ご指摘・アドバイス等をいただきたい。

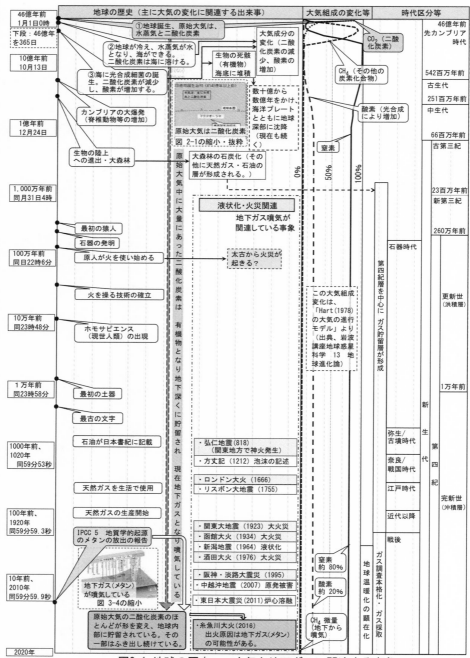

図0-1　地球の歴史　－大気と地下ガスに関連する事象－

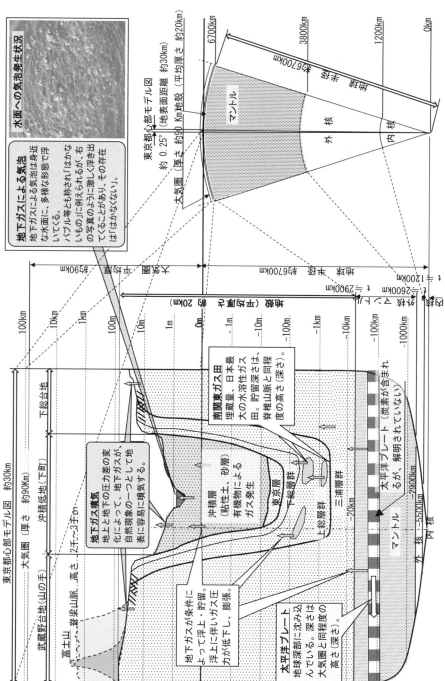

図0-2　地球断面モデル図（東京都心部の例）

水面への気泡発生状況

地下ガスによる気泡

地下ガスによる気泡は身近な水面に、多様な形態で浮いてくる。

バブル等とも称されてはかなりいものに例えられるが、右の写真のように激しく浮き出てくることがあり、その存在はけしかたがないない。

地下ガス噴気

地上と地下のガスの圧力差の変化によって、地下ガスが、自然現象の一つとして地表に容易に噴気する。

地下ガスが条件により浮上・貯留。浮上に伴いガス圧力が低下し、膨張。

南関東ガス田

埋蔵量、日本最大の水溶性ガス田。貯留層深さは、脊椎山脈と同程度の高さ（深さ）。

太平洋プレート（炭素が含まれている）

太平洋プレート

地球深部に沈み込んでいる。深さは大気圏と同程度の高さ（深さ）。

27

表0-1　関連する科学分野等との各章のマトリックス（◎：主な内容、○：関連内容）

第一次区分（類目表）	第二次区分（綱目表）		第三次区分（要目表）	細目表	（分類項目名等）	1.1	1.2	1.3	2.1	2.2	2.3	2.4	3.1	3.2	3.3	3.4	4.1	4.2	4.3	4.4	5.1	5.2	5.3	6.1	6.2	6.3	7.1	7.2	7.3
						第一章			第二章				第三章				第四章				第五章			第六章			第七章		
0 総記																													
1 哲学	心理学 等	14	相法 等	148.5	方位：家相、地相、墓相（風水）	○																							
2 歴史	日本史	21	日本史	210.025	考古学						○																		
3 社会科学	政治	31	行政	317.79	防災行政（消防）：消火、防火	◎◎								○○	○		○○	○			○○			○			○○	○	
	法律	32	刑法 等	326.22	公共の法益に対する罪：放火、失火	○								○			○												
	社会	36	社会学	361.45	コミュニケーション（流言蜚語）																			○					
4 自然科学	物理学	42	力学	423.86	表面張力			○														○							
	化学	43	有機化学	437.2	炭化水素、メタン		○						○									○				○			
	地球科学・地学	45	気象学	451.37	大気環流	○			○				○				○										○		
				451.85	気候変化、気候変動（地球システム科学）								◎				◎				◎								
				451.98	気象災害誌													○											
			地震学	453.8	火山学　火山ガス（453.9 間歇泉）			○						○			○								○		○		
			地質学	455.8	内因的地質営力（プレートテクトニクス）																								○
			岩石学	458.7	堆積岩（帽岩）			○							○														
	医学 等	49	衛生学 等	498.4	環境衛生（生気象学）		○															○							
5 技術	建設工学・土木工学	51	土木力学 等	511.3	土質力学、土質工学（液状化）	○						○		○							○	◎		○			○		
			河海工学 等	517.1	水理学							◎									○			○					
			衛生工学 等	518.12	地下水、井戸					○								○											
			環境工学 等	519.9	防災科学、防災工学	○								○					○										
	建築学	52	建築構造	524.94	火災、防火災						○										○						○	◎	
	機械工学	53	原子力工学	539.99	原子力災害																			○				◎	
	電気工学	54	電気機器 等	—	防爆機器						○																	◎	
	海洋工学 等	55	海洋開発	558.4	資源開発：天然ガス																		○						
	金属工学・鉱山工学 等	56	採鉱 等	561.93	ガス突出、爆発				◎	◎																	○		
			石油	568.8	天然ガスの採取				◎																		○		
6 産業	林業 等	65	森林保護	654.4	森林火災															○	○						○		
7 芸術	----		----		----																								
8 言語	----		----		----																								
9 文学	日本文学	91	小説 等	913.2	古事記、日本後紀											○													
					小説 等																								

「気圧」、「地下水ガス」、そして、発火源である「電気機器」、「電気による火災」等は、多くの火災に関わる課題。

地学・気象学や電気等の分野での諸現象の解明が不可欠。

第一章

糸魚川大火の概要と検証

　糸魚川大火の出火・延焼状況等は不可解である。この大火等の実態を記し、この地域の自然条件等から、この大火を検証し、課題を明らかにする。

▼1．1　糸魚川大火の概要と出火原因

(1) 大火の概要

　『糸魚川市大規模火災を踏まえた今後の消防のあり方に関する検討会報告書(以下、「検討会報告書」と記す)』(注1-1)が公表されていて、その「総括」の項で、火災概要が次の通り記されている。

> 　平成28年12月22日(木)10時20分頃に新潟県糸魚川市で発生した火災は、フェーン現象に伴う強い南風により広範囲に延焼拡大し、昭和51年9月26日〔引用者注－正しくは29日〕の山形県酒田市における大火以来、40年ぶりとなる大規模な市街地火災(地震を原因とするものを除く)へと発展した。焼失面積約40,000㎡(被災エリア)、焼損床面積30,213㎡、焼損棟数147棟、けが人17名、死者は発生していない。

　また、「糸魚川市駅北大火の特徴とそこから得る教訓」と題して、日本火災学会・特別企画ワークショップが、2017年5月に開催され、この大火の意外性が次のように記された。

> 　近年まれにみる大規模火災となり、一般市民だけでなく、日本火災学会の会員にも強い衝撃を与えました。強風下での大規模市街地火災は過去に何度も日本各地で繰り返されました。(中略)防災計画が構築されてきました。その努力の結果、類似の大規模火災は昭和51年(1976年)の酒田大火を

> 最後に撲滅されたかのような感がありました。しかし今回、大規模火災がま
> た起こってしまいました。(以下省略)

　都市の大火は〝撲滅されたかのような感〟、つまり、これまでの〝**努力の結果**〟
二度と起こらないと思われていたが、消防の常備化（参照：参考　1-1　消防の常
備化と実態）が整い、〝**防災計画が構築**〟されていた糸魚川市街地で大火が発生
した。

┌───┐
　参考　1－1　消防の常備化と実態
　　消防の常備化とは、常備消防機関として、市町村に消防本部等を設置し、
　専任の消防職員を勤務させること。戦前、各市町村では非常備の消防団が主
　な消防機関であり、その構成員である消防団員は、他に本業を持ちながらの
　非常勤であった。
　　昭和23年の消防組織法施行により常備化が進み、酒田大火が生じた
　1976年当時、市町村数での常備化率は約80％であり、糸魚川大火が生じ
　た2016年には、同常備化率は約98％（人口ベースで99.9％）となり、市街
　地の大火防止という目的は概ね達せられたと考えられていた。しかし、大火
　が発生した。消防の常備化は初期消火に大きな効果があるが、強風等によっ
　て大規模火災になってしまうと、その強風が収まるまで、鎮火できないとも
　言われている。
└───┘

　糸魚川大火は、防災計画、消防の常備化等には限界があり、新たな対応策が必
要なことを示しているようである。

(2) 出火原因
　この大火の出火原因に関して、複数の公的な報告があるが、必ずしも一致して
いない。

　(a) 消防庁の最終報告
　出火建物は、発災当初から飲食店（ラーメン店）と報道され、火災後約1ヶ月、

2017年1月20日、消防庁の最終報告『新潟県糸魚川市大規模火災（第13報）』（注1-2）で、その出火原因が次の通り公表された。

> 出火建物　飲食店（ラーメン店）新潟県糸魚川市大町（以下省略）
> 火災原因等　　（1）<u>出火原因：大型こんろの消し忘れ</u>
> 　　　　　　　（2）<u>強風により広範囲に延焼拡大した</u>模様

（b）新潟地方裁判所高田支部の判決

　この火災は『平成29（2017）年（わ）第68号　業務上失火被告事件』（注1-3）として扱われ、2017年11月15日に、新潟地方裁判所高田支部で判決が下された。被告人はこの店の経営者であり、禁固3年、執行猶予5年となったが、その理由の中に記された「罪となるべき事実」は、次の通りであった。

> （被告人は厨房において、竹の子及び水の入った中華鍋を）**ガスコンロの火に**
> **かけて加熱していたことを失念して、そのまま同所を離れて帰宅した過失に**
> **より、**（中略）**同鍋の加熱により<u>上記内容物等を発火させて燃え上らせた</u>上、**
> **その火を同鍋付近の壁及び換気ダクト等を燃え移させ**（以下省略）

（c）糸魚川市大規模火災を踏まえた今後の消防のあり方に関する検討会報告書

　この「検討会報告書」には、「**出火の原因は、鍋が過熱し、<u>こんろ及び壁体に</u>**
<u>付着した油かすが発火し</u>、壁体からダクト内及び1階天井裏へ延焼拡大したも
のと<u>判定</u>されている」と記された。消防の火災原因調査規程によると、火災原因調査結果は、「<u>断定</u>」「<u>判定</u>」「<u>推定</u>」等に区分して報告されることになっていて、次の通り、各々の意義が記されている。

> 断定：信頼性の高い各資料を総合することによって全く疑う余地なく、その
> 　　　原因が具体的かつ科学的に確定され、何等の推理を必要としないことをいう。
> 判定：信頼性の高い各資料を総合することによって、具体的かつ科学的にそ
> 　　　の原因を断定し難いが、<u>多少の推理を加える</u>ことによって疑う余地を残さ
> 　　　ないことをいう。
> 推定：信頼性のある資料によっては直接判定できないが、推理すれば合理的
> 　　　に一応その原因が推測できることをいう。

なお、原因調査結果が「推定」であった例には、2007年中越沖地震時に柏崎刈羽原子力発電所（糸魚川市東方約75km）で発生した火災があり、その火災及び「推定」に関しては、第七章に後述する。

　この「検討会報告書」では出火原因は、「断定」でなく、上記の通り「判定」である。つまり、この出火原因 〝**こんろ及び壁体に付着した油かすの発火**〟には、〝**多少の推理**〟が加わっていた。

　上記の3つの報告等の出火原因をまとめると、以下の通りである。
① 「消防庁の最終報告」：〝**大型こんろの消し忘れ**〟
② 「高田支部の判決」：〝**鍋の加熱により上記内容物等を発火させて燃え上らせた**〟
③ 「検討会報告書」：〝**こんろ及び壁体に付着した油かすの発火**〟
　「検討会報告書」の 〝**多少の推理**〟による原因 〝**こんろ及び壁体に付着した油かすの発火**〟は、「消防庁の最終報告」及び「高田支部の判決」では示されていない。この 〝**油かすの発火**〟については「参考　1-3　類似事例：利根川下流域での火災」に追記するが、追加検証が必要のようである。
　また、「消防庁の最終報告」の火災原因に記されている 〝**強風により広範囲に延焼拡大**〟は、過去の大火等においても、同様の指摘があり、大火の一因であることに間違いないのであろうが、今回の大火には、以下の不可解な現象に記すように、強風以外の原因がある。

▼　1.2　不可解な現象と火災想定経緯
　この火災で生じた多くの不可解な現象は検証できていない。以下、その不可解な現象と筆者が考える火災想定経緯を記す。

(1) 不可解な現象
(a) 飛び火
　延焼は、飛び火が原因であるとされ、「検討会報告書」に次の通り記されている。

> 今回の火災は、強風により、火元及び延焼先から大量の火の粉や燃えさし

が広く飛散し、風下側の木造建築物への飛び火によって、糸魚川市消防本部が把握しているところでは10箇所で同時多発的に延焼拡大した。（以下省略）

また、前記「日本火災学会・特別企画ワークショップ」において、「飛火による延焼で制御不能に」と報告されているが、その〝制御不能〟の原因が明らかでない。強風で飛び火があったのは確かであろうが、〝飛び火によって、10箇所で同時多発的に延焼拡大した〟ことは、「(d) 屋根の火柱」の項にも関係しており、その検証は進んでいないようである。

(b) 火炎

火災時の火炎の高さは研究されているものの、火炎発生時極めて短期間でその形が伸縮するため、その高さは一意に定められず、また、その高さ想定等は容易でない。比較的新しい一事例として、阪神・淡路大震災時の火炎の推定高さが、『防災学ハンドブック』（注 1-4）に「ビデオ・写真画像をもとに推定した火炎の高さは、大半が 10 〜 13m の範囲にあり、最大の高さでも 17 〜 18m であった」とある。

今回の火炎の画像は、新聞・報告書等に掲載されている。その画像の一つを、グーグルのストリートビューと比較すると、その画像の撮影場所が特定でき、画像等の分析により、そこに撮られている火炎の高さ等を想定することができる。撮影場所と諸条件及びその結果は、「図 1-1　火炎発生状況と想定高さ」の通りであり、火炎の最大高さは、20m 以上で、上記最大の高さ 17 〜 18 mより高い。その火炎の形は、図 1-1 に示す通り、火の玉のようであり、この形状はファイヤボール（屋外の大空間での巨大な爆発現象）とも言われている。また、この火炎は、午前 10 時 20 分頃の出火後、5 時間以上経ち、糸魚川消防本部の消防隊だけでなく、近隣消防本部の応援隊による消火活動中の午後 4 時頃撮られ、風向きと反対方向に火炎が発生していると判定することもできるが、この火炎が単なる延焼によって生じたのか検証できていない。

(c) 爆発音

爆発音に関して、翌朝の新聞（朝日新聞）に「中華料理店（ラーメン店）近くの

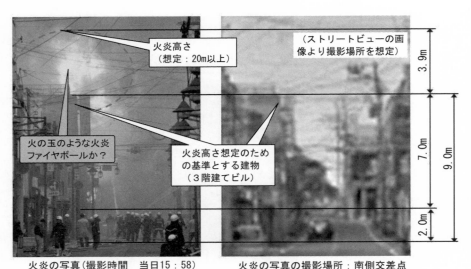

火炎高さ
（想定：20m以上）

（ストリートビューの画像より撮影場所を想定）

3.9m

7.0m

9.0m

火の玉のような火炎
ファイヤボールか？

火炎高さ想定のための基準とする建物
（3階建てビル）

2.0m

火炎の写真（撮影時間　当日15：58）
（糸魚川市のH.P.の写真より）

火炎の写真の撮影場所：南側交差点
（ストリートビューより）

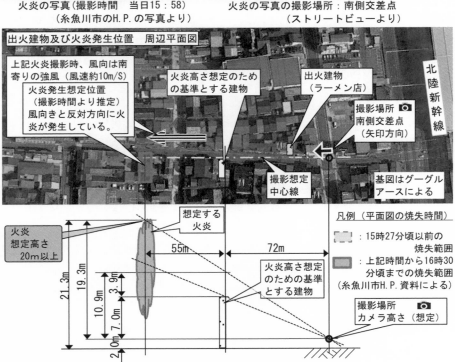

出火建物及び火炎発生位置　周辺平面図

上記火炎撮影時、風向は南寄りの強風（風速約10m/S）

火炎発生想定位置
（撮影時間より推定）
風向きと反対方向に火炎が発生している。

火炎高さ想定のための基準とする建物

出火建物
（ラーメン店）

撮影場所 📷
南側交差点
（矢印方向）

北陸新幹線

撮影想定
中心線

基図はグーグルアースによる

想定する火炎

55m

72m

凡例（平面図の焼失時間）

：15時27分頃以前の
焼失範囲

：上記時間から16時30分頃までの焼失範囲
（糸魚川市H.P.資料による）

火炎
想定高さ
20m以上

21.3m

19.3m

10.9m

3.9m

7.0m

2.0m

火炎高さ想定のための基準とする建物

撮影場所 📷
カメラ高さ（想定）

図1-1　火炎発生状況と想定高さ
（口絵　3、カラー図　参照）

寺に住む女性によると、出火後ボーンという爆発音のような音が聞こえたという」と載った。

　この記事とは別に、この火災を間近で見た人に「火災時に爆発音を聞いたか？」と現地で尋ねると、限られた人たちであるが、爆発音を聞いたと言う人はいなかった。当時、火災が急速に拡大し、色々な音が発生しており、多様な音を聞き分けられるような状況でなかったようである。実際、爆発音があったのか、確認できていない。

　筆者は上記爆発音の記事を読み、この火災には地下ガス噴気が関係していると感じ、「地下ガスによる火災」を考えるきっかけとなった。この爆発音は、「地下ガスによる火災」を検証する上で、重要な要素であると考える。

(d) 屋根の火柱

　前掲「検討会報告書」の資料には、「図 1-2　飛び火被害を受けた家屋（屋根）」の写真が掲載されていて、その写真に関して、「**飛び火は上から落ちてきて屋根を打ち破ったのか**」「（この）**写真を見る限りでは突き破っているように見えるが、**（以下省略）」との発言がある。さらに、この現象を踏まえ「**屋根を突き破って火柱が上がるメカニズム**についてどう考えるか」との質問があった。それに対して「まだわからない」「色々なパターンを想定して**研究していきたい**」との発言が記されているだけで、発災後 3 年以上経っても、新たな〝**火柱が上がるメカニズム**〟は提案されていない。

　研究の対象と認識された〝**火柱が上がるメカニズム**〟を含む、これら不可解な

「検討会報告書」の写真に筆者が加筆

「飛び火は上から落ちて
屋根を打ち破ったか？」
と疑問がある損傷

図1-2　飛び火被害を受けた家屋（屋根）

現象には、気象条件が大きく関わっていた。さらに、地下の地盤条件も関わっており、それら２つの自然条件を考慮しなければ、新たなメカニズムは提案できないと考える。

（2）気象条件と想定経緯

（a）火災発生時の気象条件

『平成 28 年 12 月 22 日に発生した新潟県糸魚川市における大規模火災に係る現地調査報告（速報）』（注 1-5）から、当時の気象状況を抜粋する。

> 焼損区域最寄りの気象庁のアメダス観測所によれば、火災当日の日中の気温は 16.8℃〜 20.4℃、（中略）風向ほぼ南向で、火災覚知から 19 時までの間、風速は 10m/s 前後、最大瞬間風速は 20m/s 前後で推移していた。
> （以下省略）

過去の大火の気象条件の一つは強風であり、その強風は低気圧の接近によって発生しており、その地域の気圧は顕著に低下していた。気圧は他の気象要素と共に気象庁で観測され、そのデータが公開されていて、確認することができる。この火災時も、「図 1-3　糸魚川大火発生 2 日前から当日までの気象データ経時変化」に示すように、風速が速まり、気温が上昇し、湿度が低下し、これまでの大火と同じように、それらの変化が原因と考えられたが、気象要素の一つである気圧低下と大火との関わりは言及されていない。

糸魚川大火時の天気図及び気圧は「図 1-4　2016/12/22　糸魚川大火発生時の天気図及び低気圧の移動図」及び「図 1-5　同　気圧変化図」に示す通りで、火災発生時、低気圧が日本海を東進し糸魚川付近に接近しつつあり、この地域の気圧は大きく低下していた。

なお、本書では、多くの類似の気象データを示すが、気圧・天気図等は、基本的に気象庁が公表しているデータによる。

参考　1−2　気圧

気圧とは、日常的に使用される用語である。その大きさは、場所により高度により異なり、日々変化している。その変化と影響等について記す。

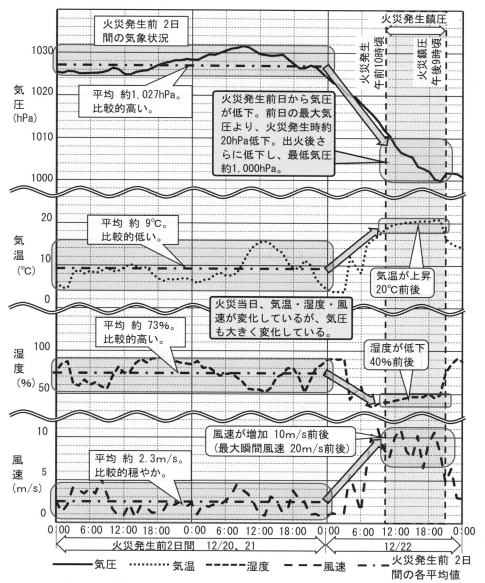

図1-3　糸魚川大火発生 2日前から当日までの気象データ経時変化

（観測：上越市高田）

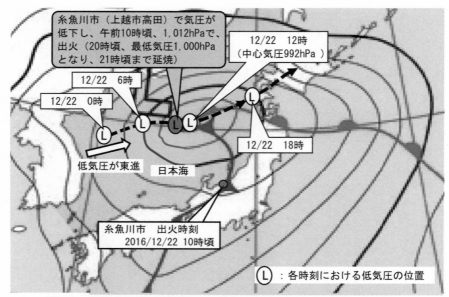

図1-4　2016/12/22 糸魚川市大火発生時の天気図及び低気圧の移動図

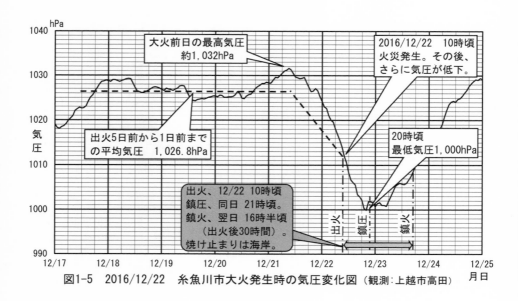

図1-5　2016/12/22　糸魚川市大火発生時の気圧変化図（観測：上越市高田）

（a）気圧と高度による変化

　気圧は、広辞苑では「**大気の圧力。上空に行くにしたがって小さくなる。ある場所の気圧は、その上に積もった空気柱がおよぼす圧力に等しい**」である。標準大気圧は海面上で 1,013.3hPa とされ、1 気圧と言われ、日々気圧変化があり、私たちはその影響を受けている。1 気圧を水の圧力に換算すると高さ約 10m 分であり、海面下　水深 10m では約 2 気圧相当となる。私たちは水中でその水圧（気圧）増加を感じても、普段、1 気圧の環境下にいるため、地上で大気分の 1 気圧を体感することはない。また、日々の変化もほとんど感じることはない。

　海面から高くなるほど、大気から受ける圧力が少なくなり、気圧は低下する。「図 1-6　高度と気圧の関係図」に示す通りで、高度 4,000m 程度までは、高度が 10m 増すごとにほぼ一様に約 1hPa 低下し、さらに高度が増すと大気濃度が薄くなるため、気圧は少しずつ減少し、高度 40km 程度でほぼゼロとなる。例えば、高度 3,776m の富士山山頂での気圧は約 636hPa で

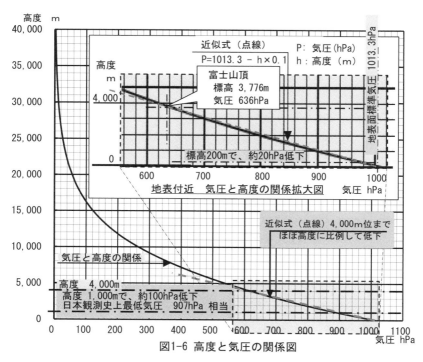

図1-6 高度と気圧の関係図

あり、海面上（高度 0m）に比べて約 63％となる。登山時、高山病が発生するのは、高度が高くなると、気圧低下に伴って、大気中の酸素量も低下するためである。

(b) 気圧の日々の変化

太陽光の熱などにより、地表面が局所的に加熱され、大気に密度変化が生じ、その大気が移動することにより日々気圧変化が生じている。近年多くの場所で気象観測されており、気圧観測の一例が、「図 1-7　気圧変化実測事例（新潟県糸魚川、2016 年 7 月〜 12 月）」であり、標準大気圧 1,013.3hPa に対して概ね ±20hPa（±2％程度）の範囲で日々変化している。この事例においては、最大気圧が 1,034hPa、最小気圧が 985hPa であり、±20hPa より大きく変動している時間の比率は、わずかであり（半年の 184 日で合計約 1.8 日間分、約 1％）、2％以上の気圧変化が生じる発生確率が低いことが分かる。なお、図 1-7 には、日々変化する「気圧差（別途、後述・定義する）」も併記してある。

大型台風では、大きく気圧が低下することがあり、日本の観測史上 1 位となる最低気圧は 907hPa で、標準大気圧に対して約 10％の低下となっている。

(c) 気圧変化と体感

気圧が変化すると、他の気象要素に影響し、風が吹くのはその影響の一例であり、人体にも影響している。エレベーターで上昇する時、耳が詰まったような不快感を覚えるのは、高度変化によって、気圧が変化し、その気圧変化によって耳の内外で急に圧力差が生じるためであり、あくびをすること等によって、耳の内外の圧力差がなくなり、その不快感は解消される。

私たちは日々の生活の中で、普段から図 1-7 の例のように、20hPa 程度の気圧変化を受けている。その 20hPa の気圧変化は、高度 200m の気圧差に相当し、一気にエレベーターで上昇又は下降した時に、私たちは実際にその気圧変化を体に受けるが、耳に詰まりを感じる以外には、この気圧変化を明確に体で感じることはない。また、上記日本観測史上最低気圧 907hPa は、

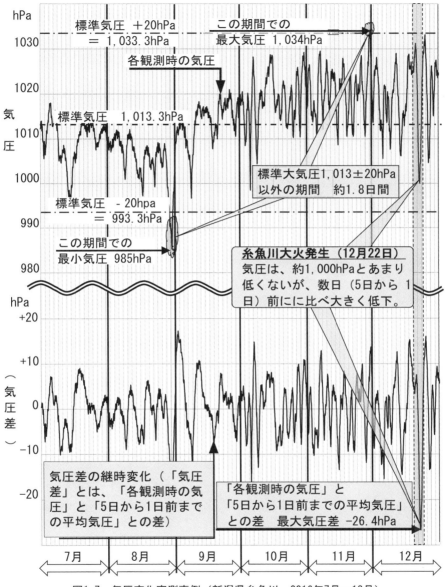

図1-7　気圧変化実測事例（新潟県糸魚川、2016年7月〜12月）
（観測：上越市高田）

1,000m の高度に相当する気圧差であり、そのような変化も、耳の不快感等を除いて、私たちはほとんど感じない。

　さらに、高度が 3,000m 程度高くなっても、私たちは気圧低下を直接的に感じないが、気圧低下により、空気中の酸素量が減るため、人によっては頭痛等の症状がでる。通常、空気中の酸素濃度は 21％であるのに対して、例えば、富士山頂（高度 3,776m）では、気圧が約 636hPa（約 63％）であり、酸素量も同じように約 63％となり、酸素が約 13％（21％ ×63％≒ 13％）相当に低下する。その頭痛等は、気圧低下に伴う酸素欠乏症（高山病）として、生じるのである。

　私たち人間は、気圧変化をこのようにほとんど感じていないが、人間より敏感に気圧変化或いは空気変化を感じる生物がいる。その例は、「炭鉱のカナリア」であり、「2.3（3）（b）地下ガス噴気の間接的影響とその認識」に後述するが、人間は、このような大気変化によって、生物が起こす行動変化等をほとんど理解できていない。

（b）火災の想定経緯（筆者の想定）

　前著で、液化流動現象も地震火災も地下ガス噴気によって生じていると記した様に、この大火も、地下ガス噴気によって起きていたと考える。ここでは、先ず、**気圧変化**（参照：図1-4、5、7）と、筆者が想定する**火災状況**を記す。その根拠となる説明は、本章を含め、次章以降に示す。

①火災発生

　気圧変化：糸魚川市は、大火発生の前日、気圧 1,024 ～ 1,032hPa で、天候は安定。当日未明より、低気圧の接近により気圧が急激に低下し、午前 10 時には、前日の最高気圧より、約 20hPa 低下し、1,012hPa。

　なお、この火災時の気圧は、極端に低い気圧ではない（最低気圧は 1,000hPa で、標準大気圧に対して約 1.3％低い）が、その前の数日間の気圧と比較すると大きな気圧低下傾向を示している。その傾向を示すために「各観測時の気圧」と「5 日から 1 日前までの平均気圧」との差を「気圧差」と定義し、図 1-7 には、その「気圧差」を示しており、この大火時、その半年の間で最も大きな「気圧差、

26.4hPa」を示していたことが分かる。

　　<u>火災状況</u>：気圧の急激な低下により、地下の比較的浅い地層に貯留していた地下ガスの圧力バランスが崩れ、地下ガス噴気が地表に発生。そのガスは、ラーメン店の建物内に浸入し、コンロに火がついており、引火し建物火災となった。

②延焼

　　<u>気圧変化</u>：その後も、低気圧は日本海を東進しながら、気圧低下が続き、同日午後8時に最低気圧は、約1,000hPa。

　　<u>火災状況</u>：強風により飛び火が多発。飛び火は、一般的には、火の粉が主因とされるが、地下ガス噴気の箇所で、火の粉ないし電気機器等が発火源となって、飛び火のような延焼が生じた。これらの延焼には、火の粉だけでなく、電気機器及び地下ガス噴気が影響した。既に記した火炎・爆発音・屋根の火柱も、これらによって発生し、図1-1に示す火の玉のような火炎は午後4時頃、気圧が出火時よりさらに低下し、約1,003hPaの時発生した。

③鎮圧（延焼収束）

　　<u>気圧変化</u>：同日午後8時以降、さらに低気圧は東進。気圧が上昇し、1,000数hPaで推移。

　　<u>火災状況</u>：延焼が海岸線付近に達し、午後9時頃、出火後約11時間で鎮圧。

④鎮火

　　<u>気圧変化</u>：その後、気圧は上昇。翌日午後4時、約1,008hPa。

　　<u>火災状況</u>：消火活動は続き、翌日午後4時半頃、出火後約30時間で鎮火。

▼　1．3　糸魚川市の自然条件

（1）大火災に見舞われた糸魚川

　「**大火災に見舞われた糸魚川**」は『糸魚川市史　昭和編2』（注1-6）の第6節の表題である。その市史には、江戸末期から昭和に至るまでの大火13の事例が表にまとめられており、「はじめに」で記したように「**糸魚川町の大火は名物の一つに数えられるほどであった**」とある。糸魚川市は、大火史のある「火災の街」であった。特に、昭和初期の1928（昭和3）年及び1932（昭和7）年に、市街地で大火が発生した。その後、この周辺地域は準防火地域に指定される等もあり、近年市街地では大火は発生していなかった。しかし、2016年暮れに大火

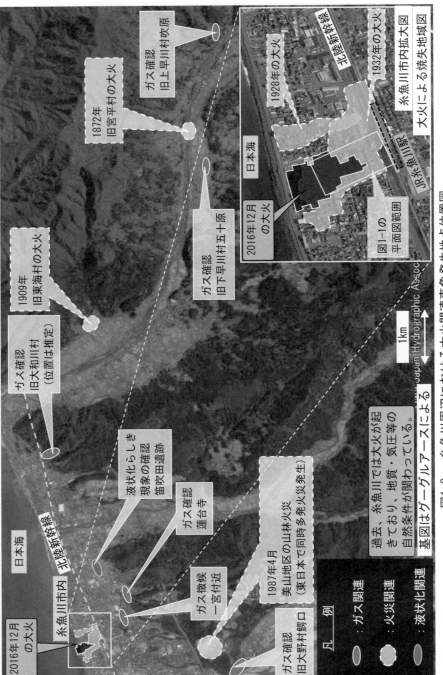

日本海

2016年12月の大火

糸魚川市内

北陸新幹線

ガス確認
旧大和川村
（位置は推定）

1909年
旧東海村の大火

ガス確認
旧下早川村五十原

1872年
旧宮平村の大火

ガス確認
旧上早川村吹原

2016年12月の大火

日本海

1928年の大火

北陸新幹線

1932年の大火

JR糸魚川駅

図1-1の
平面図範囲

糸魚川市内拡大図

大火による焼失地域

1km

液状化らしき
現象の確認
笛吹田遺跡

ガス確認
連合寺

ガス微候
一宮村付近

1987年4月
美山地区の山林火災
（東日本で同時多発火災発生）

ガス確認
旧大野村鱒口

凡 例

⬭ ：ガス関連

⬯ ：火災関連

⬯ ：液状化関連

過去、糸魚川では大火が起
きており、地質・気圧等の
自然条件が関わっている。

基図はグーグルアースによる

Japan Hydrographic Assoc

図1-8　糸魚川周辺における大火関連事象発生地点位置図

が発生し、その場所は昭和初期の２つの大火の範囲に近接しており「図1-8　糸魚川周辺における大火関連事象発生地点位置図」に示す通りである。なお、同図には、後述の地下ガス発生地点等も示してある。

「糸魚川市史6」に記された火災の一事例が、明治初期の旧宮平村（市街地東方約10㎞）の大火であり、その時、強風が吹いていて火災状況は次の通りであった。

> 村方の火災も、いつもながら気がゆるせない。明治五（1872）年には、上早川の宮平村の大火であった。
>
> 五月五日夜八時すぎ、大暴風吹きすさぶ時、（宮平）村の一角より火焔上ると見る間もなく、烈風に吹き立てられたる火焔は、物すさまじく燃え立ち、火の粉は八方に飛んで、みるみる一村は火の海となれりといふ。

〝大暴風〟で延焼していることが記されている中で、〝八方〟に火の粉が飛ぶことは、風向が変わらなければ、通常生じることはなく、不可解な現象であった。また、〝大暴風吹きすさぶ時〟とは、低気圧接近時であり、気圧低下時に火災が発生したと考える。糸魚川市史には、この火災事例以外にも、花火のように燃えた等の不可解な記録（旧東海村、市街地東方約6㎞）等があり、今回の糸魚川大火で起きた不可解な現象を含め、これらの検証はできていない。

約90年前の昭和初期、出火原因が明らかでない２つの大火が発生したように、約30年前にも出火原因が明らかでない火災が発生していた。その事例は1987年4月21日、糸魚川駅の南方の美山地区（市街地南方約2㎞、参照：図1-8）で発生した山林火災であり、約25haが焼失した。この時の糸魚川での気象状況は「図1-9　1987/4/21 糸魚川山林火災時の天気図（4/22　21時）及び低気圧の移動図」及び「図1-10　同　気圧変化図」に示す通りで、この出火当時も、1日に約20hPaの気圧低下があり、2016年の糸魚川大火時の気象条件に似ており、出火原因も同じ可能性がある。

なお、この日、新潟県内で合計20件の同時多発火災があったと報道された。また、新潟県を含む北陸地方から東北地方の広範囲で、西から東に低気圧が進むように、多数の火災が同時多発的に発生した。さらに、それら火災が鎮火した後、釜石市では、不可解な再燃火災もあった。これらの火災時も地下ガス噴気が発生

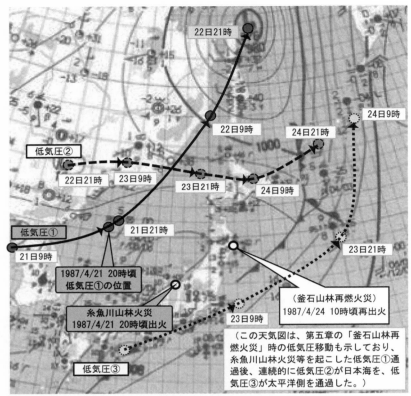

図1-9　1987/4/21 糸魚川山林火災時の天気図（4/22 21時）及び低気圧の移動図

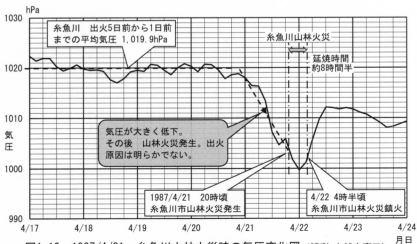

図1-10　1987/4/21　糸魚川山林火災時の気圧変化図（観測：上越市高田）

していたと考えられる。この釜石の再燃火災に関しては、別途「5.2『再液状化』と再燃火災」に記す。

（2）地下ガス発生地点

　新潟平野を中心に、新潟県内には多数のガス田が分布しているが、糸魚川市域は『日本油田・ガス田分布図（第二章に示す、旧通産省地質調査所、1976 年発行）』によると、ガス田地域ではない。しかし、他の「火災の街」と同じように、次の通り地下ガス貯留がある。

　日本各地のガス徴候が、文献「天然ガス徴候の見方と見つけ方」（注 1-7）で紹介されており、その中の一つに糸魚川の事例があり、**「糸魚川一宮付近でガスと一緒に油膜が見える」** と写真入りで記されていた。〝一宮〟と今回の大火の出火元となったラーメン店とは、JR 糸魚川駅を挟んで南と北に位置しており、直線距離で約 600m である（参照：図 1-8）。

　さらに、地質調査所が昭和 11 年に発行した『糸魚川地質説明書』（注 1-8）の「応用地質」に、**「石油の露面及瓦斯の発散」** との報告が記載されており、その場所は、前掲の図 1-8 に示す通りで、糸魚川市内に 5 か所あった。

　その後、ガス及び石油採取の記録はないようであるが、可燃性ガスによる火災が起きている。2012 年、経済産業省の関東東北産業保安監督部が、ガス爆発事故や火災の未然防止のために『自然環境に由来する可燃性天然ガスの潜在的リスクについて』（注 1-9）と題した「保安情報」に、可燃性天然ガスが原因と考えられる事故事例を紹介している。全国 34 の事例の内、次の 2 事例がこの地域の火災であった。

①場所：能生町、　時期：平成 15（2003）年 4 月、火災概要：農作業所 1 棟全焼（なお、能生町は現糸魚川市で、上越市方〈東方〉に位置する）

②場所：糸魚川市、時期：平成 17（2005）年 5 月、火災概要：農作業倉庫 1 棟全焼

　糸魚川にはガス田はなく、新潟県内のガス田に比べると、その貯留量は少なく、ガス採取の採算性は見込めないと思われる。しかし、この地域には地下ガス貯留があり、現在もその噴気は生じているのであろう。

(3) 液状化

文献「糸魚川市内遺跡における地震痕跡と自然災害」（注 1-10）の「糸魚川市内遺跡で確認された地震痕跡」に、「**糸魚川市教育員会は、平成 16 年笛吹田遺跡調査で地層の乱れを認識していた。翌平成 17 年（2005）継続して調査していた笛吹田遺跡で噴礫状の地震痕跡を検出した**」との記載がある。

この報告の引用文献は、糸魚川教育委員会の報告書等であり、これらは公表されている。ただし、これらの報告書等には、具体的な地震痕跡を示す記載はなく、液状化の痕跡の判定には、今後の深い地層の調査が必要のようであるが、糸魚川でも地震時に地下ガス噴気により、「液状化」が発生していた可能性は低くないと考える。〝**噴礫状の地震痕跡を検出した**〟と記された笛吹田遺跡は、市内にあり、今回の出火場所から東に約 1.3km の位置にある（参照：図 1-8）。

糸魚川市での火災時の不可解な現象は、同市の自然条件が関係しているが、その自然条件は、特殊な条件でなく、日本全国の多くの都市に、類似の自然条件があり、類似の火災が起きている。次章以降に、他の火災事例とその自然条件等を示し、課題を明らかにする。大火発生は近年少なくなっているが、糸魚川市だけでなく、多くの都市が現在も抱えている課題である。

参考　1－3　類似事例：利根川下流域での火災

大火ではないが、糸魚川大火後も出火原因不明の類似火災が発生している。2017 年、千葉県利根川下流域で火災が発生したが、その出火原因は必ずしも明らかでないと考える。類似事例は多々あり、本事例は一例である。なお、この火災に関する「火災調査書」は、公開されていない。以下に記す被災状況等は、被災者本人からの情報等によっている。

(1) 火災の概要

　(a) 場所

火災場所は、千葉県印旛郡栄町で、利根川下流域、河口より約 70km の右岸に位置し、関東平野のほぼ中央にある（参照：図 1-11　利根川下流域での火災発生箇所と液状化〈東日本大震災時〉被災状況概要図）。

1) 利根川下流域　液状化被災状況

茨城県

利根川

利根川水系で656ケ所、液状化被災

千葉県

太平洋

利根川河口（太平洋）から約70kmの液状化被災箇所（火災発生箇所）

凡　例

：その他の主な液状化被災箇所

Japan.(C)ZENRIN

2) 河口から約70km　液状化被災箇所と火災発生箇所

利根川

液状化被災箇所と火災箇所は近接している。

⑨大規模液状化被災箇所

⑩大規模液状化被災箇所

⑨ 千葉県印旛郡栄町請方地先
利根川右岸69.1〜69.2k

堤防天端沈下 116m

沈下=1.5m

2017年4月、火災発生箇所

⑪大規模液状化被災箇所

火災発生箇所付近（地形：利根川堤防の法尻部）

3)⁻¹ 液状化被災状況写真

⑪ 千葉県印旛郡栄町中谷地先
利根川右岸70.3〜71.0k

堤防天端沈下 663m

⑩ 千葉県印旛郡栄町中谷地先
利根川右岸69.7〜70.1k

堤防天端沈下 430m

沈下=1.5m

3)⁻³ 液状化被災状況写真

3)⁻² 液状化被災状況写真

図1-11 利根川下流域での火災発生箇所と液状化（東日本大震災時）被災状況概要図

(b) 火災状況

被災した家の主人（被災者）にヒアリングして得た情報より、火災状況を記す。

①出火日時：2017年4月19日、午後10時頃

②被害状況：家屋（約100㎡）一軒　全焼、人的被害なし。

③出火までの行動：出火当日の午後7時頃　帰宅。台所にて、約10分程度調理のためにガスコンロを使用。その後、居間（台所の隣室）でくつろいでいたところ、午後10時頃、雷のような大きな音がするとともに、停電となる。

④出火状況と消火：台所の換気扇付近が燃えていた。消火器による消火で、概ね鎮火したように見えたが、その後、火は拡大。消防署に連絡するとともに、家屋の外から消火を継続。消防が到着、消火活動したが、その家屋は全焼する。

⑤出火原因：出火原因に関しては、糸魚川大火の「検討会報告書」で、〝**壁体等に付着した油かすの発火**〟と「判定」されたように、「ガスコンロ付近の壁に付着していた油かすが、使用していたコンロの余熱で燃えて、火災になった」と結論付けられたようである。ガスコンロを消して2時間以上が経ってからの出火であり、不可解な出火原因であった。

(2) 地盤の特徴

(a) 地下ガス貯留

この地域の地下深くには、第二章で後述する通り、南関東ガス田の地層でもある上総層（洪積層）等が堆積している（参照：図0-2　地球断面モデル図）。この地域には地下ガス貯留があり、戦前は、その地層付近からガスを採取し、モーター等の動力に利用していたと記録が残されている。また、地元の方の話によれば、次の通りである。

戦後、地下ガスを利用するようなことはほとんどなくなったが、沼などから、可燃性ガスと思われる気体が、気泡となって発生していた。それらの沼は近年埋立てられ、気泡の発生はほとんど見られなくなった。

(b) 液化流動現象

この周辺では、関東大震災及び東日本大震災時に、液化流動現象が生じていた。特に、東日本大震災時の状況は、インターネット情報『河川堤防の被災状況と復旧状況』（注 1-11）の「東日本大震災における利根川の堤防の被災状況」で公表されており、その抜粋は図 1-11 の通りである。被災した家屋近くの堤防で「液状化」が生じていた。

また、その震災時にその焼失した家屋付近から隣家まで、地面にクラックが発生し、噴砂現象が起きていた。実際に、噴砂が発生したとされる地面を掘削したところ、地盤の表層付近（深さ 10㎝程度）にある粘性土の中に噴砂が確認できた。

(3) 液化流動と火災の関係性

その焼失した家屋は、昭和 50 年代に建てられ、基礎は布基礎（建物の壁に沿ってコンクリートを打設してある基礎）で、その下に一定の間隔で基礎杭（コンクリート製）が打設された形式だった。つまり、基礎部分以外の床下は地面であり、地面から発生した地下ガスは、空気より軽いために、床下に滞留しやすく、その基礎形式は、室内に地下ガスが浸入しやすい構造であった。

この付近の地盤条件と筆者が想定する火災発生の関係は以下の通りである。
①この地域の上総層等の地層には、可燃性ガスが貯留している。
②大地震時に液化流動現象が発生し、噴流脈ができていた。その後も、大きな地震時又は急激な気圧低下時、限定された場所で地下ガス噴気が生じる。
③ 2017/4/18 低気圧が通過。最低気圧　約 990hPa。4/19　PM10、気圧は最低気圧より上昇していたが、台所床下の地面から地下ガス噴気が生じ、その家屋の床の隙間より、台所内に浸入し、その後、天井付近に滞留する。ただし、家屋内へガスが浸入し滞留していても、都市ガスと違って無味無臭であり、人は感じることはできない。
④ガス滞留が続き、換気扇等の電気機器を発火源とし、小規模な爆発が発生（この主人は、雷のように感じた）し、火災となる（参照：「図 1-12　2017/4/19　千葉県印旛郡栄町〈利根川右岸下流域〉火災時の気圧変化図」）。

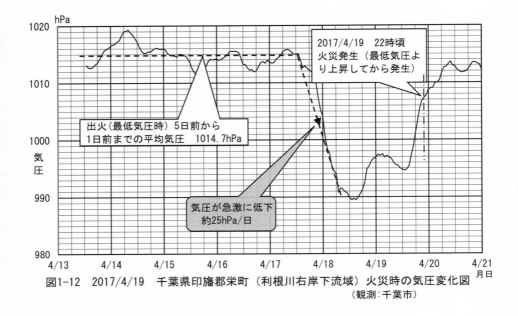

図1-12　2017/4/19　千葉県印旛郡栄町（利根川右岸下流域）火災時の気圧変化図
（観測：千葉市）

図内のテキスト：

2017/4/19　22時頃
火災発生（最低気圧より上昇してから発生）

出火（最低気圧時）5日前から1日前までの平均気圧　1014.7hPa

気圧が急激に低下
約25hPa/日

縦軸：気圧　hPa
横軸：月日　4/13　4/14　4/15　4/16　4/17　4/18　4/19　4/20　4/21

　なお、このような家屋の基礎形式と地下ガス発生のイメージ図を、「第六章　学際的取組み」の「図6-11　地下構造物と液化流動の発生しやすさ」の形式「一般建物（布基礎）」に示す。

（4）油かすの発火

　「油かすの発火」に関しては、文献「劣化した油脂等の酸化発熱に関する検証」（注1-12）で報告されており、**「恒温（恒温：「温度が一定なこと」広辞苑より）槽による自然発火実験を行うことにより、劣化した油脂は劣化の進行とともに発熱及び発熱に伴う自然発火の危険性が増大することが分かった」**とある。この文献には、恒温槽（100℃）の条件下で燃焼を起こしたデータが示されており、発火の危険性が増すことは理解できるが、100℃の恒温でなく、自然の気温条件（高温でも40℃）において、特に、火を消して2時間以上経ってから、自然発火が起こるか明らかでない。「<u>油かすの発火</u>」に関しては、追加検証が必要であろう。

第二章

地下ガス貯留と噴気

　自然条件である地下ガス貯留は、地球科学分野の対象であり、調査・研究が進んでいるものの、その噴気はあまり理解されておらず、これまで「地下ガスによる火災」は、どの分野の対象でもなく、ほとんど理解されていない。先ず、「地下ガスによる火災」の原因となる地下ガス貯留と噴気等について記す。

▼2．1　地下ガスの起源と貯留

(1) 地下ガスの地球誕生からの関わり

　火災は燃焼現象であり、燃焼には、酸素・発火源・可燃物の3要素が必要である。可燃物には、炭素を含むメタン等の可燃性ガスがあり、火災の原因となる。その可燃性ガスを含む地下ガスと炭素の関係を、地球が生まれた約46億年前から振り返る。

　地球はその誕生当時から今日に至るまで大きく変化し、大気も激変していて、可燃物となる炭素の原点は、地球誕生当時、原始大気中に大量に存在した二酸化炭素であった。地球上の炭素の変化は解明されつつあり、その変化を4つに分け「図2-1　地球上の大気変化の経緯模式図」に示す。そのポイントは以下の通り（参照：図0-1　地球の歴史）。

　地球誕生当時、原始大気は主に水蒸気と二酸化炭素であった（図2-1、①）。その二酸化炭素は、その後、海に溶け込むと共に（同図②）、生物の光合成により生物内に取り込まれ、有機物である死骸となって海底に堆積し（同図③）、沈み込みプレートにより、地下深くに沈降した（同図④）。

　また、有機物には堆積盆に堆積する生物起源天然ガスや浅所で発酵する土中ガ

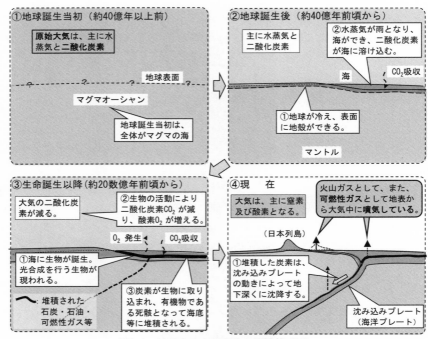

図2-1　地球上の大気変化の経緯模式図

ス等がある。文献「深層天然ガスとは」（注2-1）に、それらが概念図で示されており、「図2-2　沈み込み帯における様々なガスの起源」の通り。

　つまり、地球誕生当時、原始大気中に大量に存在していた二酸化炭素は、現在その性状でわずかに残るだけ（約20万分の1と言われている）で、炭素のほとんどが、多様な深度に、石炭・石油及びガス等の多様な性状を持つ有機物となり、貯留されている。

　現在、このように地下に貯留された有機物は、固定されておらず、その性状を変化させながら、地球内部を移動している。そして、莫大な量のごく一部が、日々地表から大気中に、図2-1の④及び図2-2に示すように噴気している。

（2）地下ガス貯留

　気体である地下ガスは、石炭及び石油等に比べると、軽く移動しやすいため、地表からふき出しやすい。「図2-3　地下ガスの分類」に記すように多様であり、地上の自然界に色々な影響を及ぼしている中で、火災に関係するガスは可燃性ガス

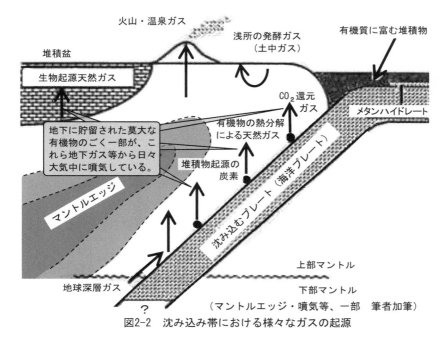

火山・温泉ガス

浅所の発酵ガス
（土中ガス）

有機質に富む堆積物

堆積盆

生物起源天然ガス

地下に貯留された莫大な
有機物のごく一部が、こ
れら地下ガス等から日々
大気中に噴気している。

CO_2還元
ガス

メタンハイドレート

有機物の熱分解
による天然ガス

堆積物起源の
炭素

マントルエッジ

沈み込むプレート（海洋プレート）

上部マントル

地球深層ガス

下部マントル

？

（マントルエッジ・噴気等、一部　筆者加筆）

図2-2　沈み込み帯における様々なガスの起源

であり、人工的要素が関わっていない天然ガスが、本書において主な対象となる。
メタンは代表的な可燃性ガスであり、1個の炭素原子（元素記号：C）と4個の
水素原子（元素記号：H）が結合してできた化合物で、メタンの分子式はCH_4で
ある。以下、メタン及び炭素の量を示す場合、メタンはCH_4、炭素はCと記す。

（a）天然ガス

図2-3に記す通り、天然ガスは大きく2つに分けられ、以下に、各々の分類
と本書に関わる特性等のポイントを記す。

①在来型ガス

在来型ガスは、その賦存（賦存：「**天然資源が、利用の可否に関係なく、理論上算
出されたある量として存在すること**」大辞林〈三省堂〉より）形態により、構造性ガ
ス、水溶性ガス、炭田ガス、石油系ガスの4つに分類され、現在開発・採取さ
れている。特に、水溶性ガスは、地下水に「溶存」した状態でガス田に貯留され

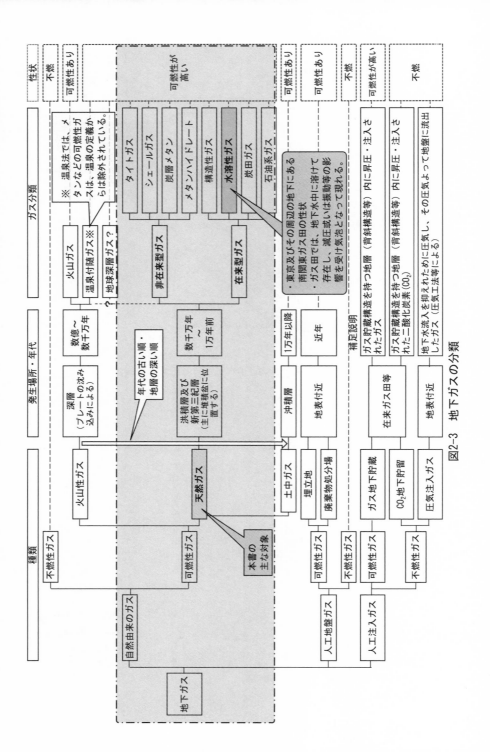

図2-3　地下ガスの分類

ており、貯留条件の変化により「遊離」ガスが発生する特性がある。

　なお、溶存とは「溶けて存在すること」で、遊離とは「他の物質と結合せずに存在すること」である。ガスは液体に溶ける性質があり、例えば、炭酸水にはガス成分が含まれており、溶けて存在するのが溶存ガスで、減圧或いは振動等の影響を受け気泡となって存在するのが遊離ガスである。東京及びその周辺の地下にある南関東ガス田の性状は、この水溶性ガスで、その埋蔵量は日本最大規模である。

　この遊離ガス発生は、単なるガス発生ではなく、本書で取り上げる「地下ガス挙動」に大きな影響を与え、本章で説明する「ガス突出」等に関わっていて、この突出は私たちの想像を超える破壊力を示すことがある。

②非在来型ガス

　非在来型ガスも、4つに分類され、タイトガス、シェールガス、炭層メタン、メタンハイドレートがある。シェールガスは本格的に採取されているが、環境面・採算性に課題を抱えている。その他は、開発段階である。特に、メタンハイドレートは、水分子とメタンガス分子から構成される氷状の物質で、世界の大陸棚周辺の海底下の低温かつ高圧の環境下に存在する。日本近海の海底にも莫大な量が存在すると見られていて（参照：図2-5〈後掲〉）、多くの国と共に我が国でも調査・研究が進められ、有望視されているが、課題が多く、商業化されていない。

（b）炭素量とガス量

　ガス埋蔵量及び地球全体の炭素量等はどの程度あるのか。それら推定量は、色々な文献等で公表されており、その一例を「図2-4　地球の炭素等の存在量と移動量」に示す。炭素の全質量は、地球全体の質量に比べれば、わずかで、0.1％以下であるが、地下と大気中の炭素量を比較すると、大気中の量に対して、地下（マントルと表示）の貯留量は、莫大であり、数10万（10^5）倍の量がある。

　また、世界の天然ガス確認可採埋蔵量は『地球環境データブック　2011-2012』（注2-2）によると、2009年時点で、約6,600兆ft^3（立方フィート、$1m^3$＝35.3ft^3、187兆m^3）であり、生産量に基づく資源の寿命と言われている可採年数は、当時、150年程度であった。なお、日本の可採埋蔵量は、天然ガス鉱業会の資料によれば約400億m^3であり、世界の埋蔵量に対して約4,700分の1である。

　現在の世界の確認可採埋蔵量を質量に換算すると、1.5×10^{17}g・C程度である。

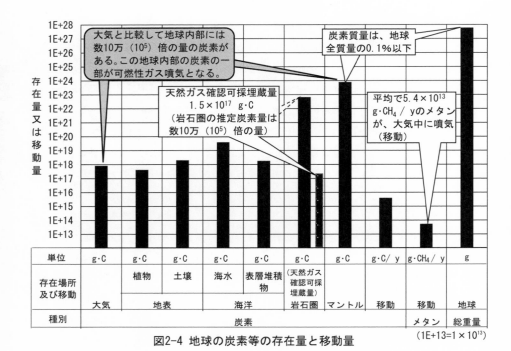

図2-4 地球の炭素等の存在量と移動量

(1E+13=1×10¹³)

グラフ内注釈:
- 大気と比較して地球内部には数10万（10⁵）倍の量の炭素がある。この地球内部の炭素の一部が可燃性ガス噴気となる。
- 天然ガス確認可採埋蔵量 1.5×10¹⁷ g・C（岩石圏の推定炭素量は数10万（10⁵）倍の量）
- 炭素質量は、地球全質量の0.1%以下
- 平均で5.4×10¹³ g・CH₄／y のメタンが、大気中に噴気（移動）

単位	g・C	g・C	g・C	g・C	g・C	g・C	g・C	g・C／y	g・CH₄／y	g
存在場所及び移動		植物	土壌	海水	表層堆積物	（天然ガス確認可採埋蔵量）				
	大気	地表		海洋		岩石圏	マントル	移動	移動	地球
種別	炭素								メタン	総重量

（縦軸：存在量又は移動量）

一方、岩石圏にあると推定される炭素量は、図2-4に示す通り、$6.6×10^{22}$g・C で、その可採埋蔵量に対して、数10万（10^5）倍の量がある。なお、ここで記している単位g・Cは、地球の炭素循環を質量で表わすときに、この分野で使用される「グラム・炭素換算質量」である。

(c) 平面的ガス貯留分布

日本各地（陸域）のガス田は、海域に比べると調査・研究が進んでおり、『日本油田・ガス田分布図』（参照：図2-6〈後掲〉）に示されている通り、日本各地、特に東日本に広く分布している。一方、日本列島周辺の海底下にも、多種多量のガスが賦存しており、調査・開発段階であるが、これまでの調査等によって、その貯留状況は明らかになりつつある。その概要は『海の未来　―海洋基本計画に基づく政府の取組―』（注2-3）の「海洋エネルギー・鉱物資源の賦存ポテンシャルのあるエリア」（参照：図2-5）の通りであり、天然ガス等が日本列島周辺のプ

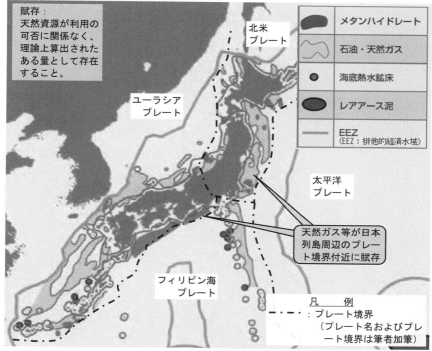

賦存：
天然資源が利用の可否に関係なく、理論上算出されたある量として存在すること。

北米プレート

ユーラシアプレート

太平洋プレート

天然ガス等が日本列島周辺のプレート境界付近に賦存

フィリピン海プレート

	メタンハイドレート
	石油・天然ガス
	海底熱水鉱床
	レアアース泥
	EEZ（EEZ：排他的経済水域）

凡　例
-・-・-　：プレート境界
　　　　（プレート名およびプレート境界は筆者加筆）

図2-5 海洋エネルギー・鉱物資源の賦存ポテンシャルのあるエリア

レート境界付近に賦存していることが示されている。

（d）ガスの垂直的移動

　地下ガスは、マントルエッジ（参照：図2-2）（マントルエッジ：「**沈み込みスラブ〈プレート〉と陸側プレートの地殻部分に挟まれたマントル部分**」『新版地学事典』〈前掲〉より）等の影響を受けながら、火山地域等で、火山噴火時に一時的に大量の噴気となって大気中に噴出している。また、比較的浅い場所にある地下ガスは、一般的には帽岩（参照：参考　2-1　帽岩〈キャップロック〉）等で密閉され、容易には地表に噴気することはないと言われているものの、地震等の影響でその密閉性が低下すると噴気する。その噴気量は、図2-4に示すような莫大な量に比べれば極めてわずかな量であるが、私たちが普段暮らしている地域でも、断続的にごく自然に噴気している。

参考　2-1　帽岩（キャップロック）

　帽岩（キャップロック）とは、『新版地学事典』（前掲）では「**石油鉱床に
おいて、貯留岩を直接覆って石油の上方への移動を阻止している不透**（不透
水及び不透気）**性の岩石**」である。帽岩の下には、石油だけでなく、天然ガ
スも共存している場合が多い。

　石油はその圧力が高くならない限り、地表にふき出すことはない。一方、
天然ガスは地下水位以下では常に液体の浮力を受けているため、帽岩にク
ラック等があれば、地表にふき出しやすい。つまり、石油にとっての帽岩は
「蓋＝帽子」であるが、天然ガスにとっては「圧力鍋の蓋」のようなもので
あり、クラック等ができ、ふき出し始めたら、基本的に浮力を受けている範
囲のガスがふき出し切るまで、そのふき出しは止まらない。

　しかし、実際は、帽岩にクラック等があっても、クラック幅が狭く、その
クラックが地下水等の液体で満たされていれば、「液体の表面張力」が作用
する。その力は、ガスの上方への〝移動を阻止〟する抵抗力（不透気）とな
り、ガスは浮力を受けても滞留し続ける。この「液体の表面張力」と「不透
気性及び透気性（物質内を気体が通り抜ける性質）」の関係については、「第六
章　学際的取組み」に示す。

▼2.2　日本における天然ガス徴候と貯留

(1)「天然ガス徴候の見方と見つけ方」より

　地下ガス噴気はガス徴候であり、文献「天然ガス徴候の見方と見つけ方」（前
掲）は、地下ガス噴気に関する一つの報告である。また、この文献は「ガス徴候
とはどんなものか」について書かれ、ガス徴候発見は地下ガス貯留場所発見の手
掛かりであることが記されている。先ず、同文献のガス徴候発見に関する記載を
紹介する。

　　新潟市周辺のガス田でも、千葉県茂原のガス田でも発見の端緒は、１つ２
つのガス徴地の発見からであることは伝記に詳しいところである。
　　日本武尊が草薙の剣で野火を防いだという話も　八幡のやぶ知らずの実在

の話も　今にして思えば　それらの話の場所が　今日天然ガスを生産している焼津海岸であったり、東京－千葉間の海岸であることからして　前者は露頭ガスの引火からの野火にからむ話であり　後者は逸出ガスが無風の竹やぶにこもっていて人を窒息失神させ　帰さなかった話であるとも考えられるのである。

　（中略）東京都内でも　神田橋の下や九段下の俎橋の下で　水底から盛んに気泡が出ているが、あのようなものである。（以下省略）

　〝日本武尊が草薙の剣で野火（野火：「野山の不審火」と解釈する）を防いだという話〟は、『現代語で読む歴史文学　古事記』（注2-4）に、「その国の 造 が（中略）『この野の中には大きな沼があります。この沼の中に住んでいる神は、ひどく荒れすさぶ神であります。』と申し上げた。（中略）その地を今でも　焼遺（静岡県焼津）というのである」と記されている。静岡県焼津には、古事記の時代から、地下ガス噴気が発生する沼があり、その場所は〝野火〟を起こす〝荒れすさぶ神〟と恐れられていた。

　次の〝八幡のやぶ知らずの実在の話〟は、千葉県市川市の八幡神社の一角にある「不知八幡森（通称：八幡の藪知らず）」の立入禁止に関する記載で、その場所は、国道14号（千葉街道）に面した住宅密集地に位置するものの、現在も竹藪に覆われた神地である。立入禁止の理由は、この文献に記されるように、「繁茂した竹藪の中に〝逸出ガス（＝地下ガス噴気）〟があり、その中に入った人は窒息失神することにより、その藪から出れなくなった」ためと考えられるが、地元の人たちは、その場所が神地のため立入禁止であると理解しているだけで、その地域に地下ガス噴気があることをほとんど理解していない。

　同文献には、上記2例以外に、前掲の糸魚川市一宮での例を含む、11都・道・県の25地域のガス徴候が記されている。ガス田発見の端緒は、その地域にガス徴候の発見があったことであり、その状況の聴取によってガス調査等が進められ、そのガス田が明らかになったのであり、それら多くの地点は、「図2-6『日本油田・ガス田分布図』と火災関連内容とその位置図」に示す通り、「ガス田」及び「推定・予想産油・産ガス地帯」に分類される地域に位置している。

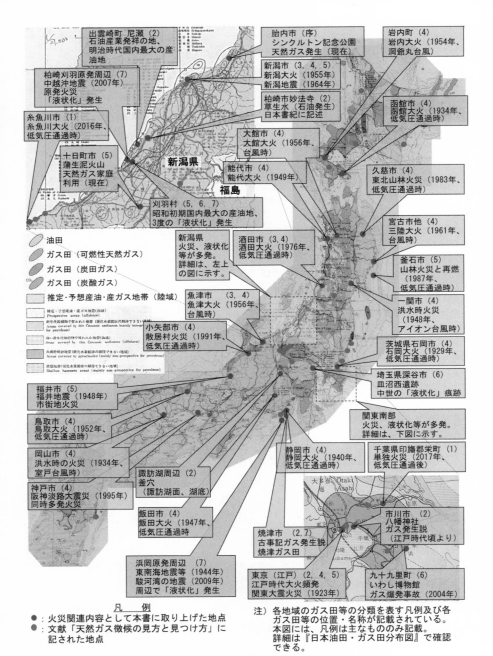

出雲崎町 尼瀬 (2)
石油産業発祥の地、
明治時代国内最大の産
油地

胎内市 (序)
シンクルトン記念公園
天然ガス発生 (現在)

岩内町 (4)
岩内大火 (1954年、
洞爺丸台風)

柏崎刈羽原発周辺 (7)
中越沖地震 (2007年)
原発火災
「液状化」発生

新潟市 (3、4、5)
新潟大火 (1955年)
新潟地震 (1964年)

函館市 (4)
函館大火 (1934年、
低気圧通過時)

糸魚川市 (1)
糸魚川大火 (2016年、
低気圧通過時)

柏崎市妙法寺 (2)
草生水 (石油発生)
日本書紀に記述

十日町市 (5)
蒲生泥火山
天然ガス家庭
利用 (現在)

大館市 (4)
大館大火 (1956年、
台風時)

久慈市 (4)
東北山林火災 (1983年、
低気圧通過時)

新潟県

能代市 (4)
能代大火 (1949年)

福島

宮古市他 (4)
三陸大火 (1961年、
台風時)

刈羽村 (5、6、7)
昭和初期国内最大の産油地、
3度の「液状化」発生

酒田市 (3、4)
酒田大火 (1976年、
低気圧通過時)

釜石市 (5)
山林火災と再燃
(1987年、
低気圧通過時)

油田
ガス田 (可燃性天然ガス)
ガス田 (炭田ガス)
ガス田 (炭酸ガス)

推定・予想産油・産ガス地帯 (陸域)

新潟県
火災、液状化
等が多発。
詳細は、左上
の図に示す。

魚津市 (3、4)
魚津大火 (1956年、
台風時)

一関市 (4)
洪水時火災
(1948年、
アイオン台風時)

推定・予想産油・産ガス地帯(海域)
Prospective areas (offshore)

新生代地層等で覆われた地帯(固化水底堆積の薄かやすい地帯)
Areas covered by thin Cenozoic sediments (mainly non-pr

新生代地層等で覆われた地帯(海域)
Areas covered by thin Cenozoic sediments (offshore)

火成岩等地帯(固化水素起源の期行できない地帯)
Areas covered by pyroclastics (mainly non-prospective for petroleum)

基盤地帯(固化水素起源の期行できない地帯)
Shallow basement areas (mainly non-prospective for petroleum)

小矢部市 (4)
散居村大火 (1991年、
低気圧通過時)

茨城県石岡市 (4)
石岡大火 (1929年、
低気圧通過時)

埼玉県深谷市 (6)
皿沼西遺跡
中世の「液状化」痕跡

福井市 (5)
福井地震 (1948年)
市街地火災

関東南部
火災、液状化等が多発。
詳細は、下図に示す。

鳥取市 (4)
鳥取大火 (1952年、
低気圧通過時)

千葉県印旛郡栄町 (1)
単独火災 (2017年、
低気圧通過後)

岡山市 (4)
洪水時の火災 (1934年、
室戸台風時)

静岡市 (4)
静岡大火 (1940年、
低気圧通過時)

神戸市 (4)
阪神淡路大震災 (1995年)
同時多発火災

諏訪湖周辺 (2)
釜穴
(諏訪湖面、湖底)

市川市 (2)
八幡神社
ガス発生説
(江戸時代頃より)

飯田市 (4)
飯田大火 (1947年、
低気圧通過時

焼津市 (2、7)
古事記ガス発生説
焼津ガス田

浜岡原発周辺 (7)
東南海地震等 (1944年)
駿河湾の地震 (2009年)
周辺で「液状化」発生

東京 (江戸) (2、4、5)
江戸時代大火頻発
関東大震火災 (1923年)

九十九里町 (6)
いわし博物館
ガス爆発事故 (2004年)

凡 例

●:火災関連内容として本書に取り上げた地点
●:文献「天然ガス徴候の見方と見つけ方」に
記された地点

注) 各地域のガス田等の分類を表す凡例及び各
ガス田等の位置・名称が記載されている。
本図には、凡例は主なもののみ記載。
詳細は『日本油田・ガス田分布図』で確認
できる。

図2-6 『日本油田・ガス田分布図』と火災関連内容とその位置図

( )内の数字等は本書の章を示す。(口絵 4、カラー図 参照)

1976年、旧通産省地質調査所より発行されたガス田分布図と火災関連内容の概要を示す。

当時、その地域に〝逸出ガス（＝地下ガス噴気）〟があることは理解されていたが、現在では、上記市川市の例のように、その地域に地下ガス噴気があることはほとんど理解されていないのが実態である。

「ガス田」及び「推定・予想産油・産ガス地帯」に分類される地域は、地下ガスによる火災発生の危険度が高いと考えられる。ただし、同じ分類の地域でも、そのガス徴候の状況は一様でなく、地域によって異なるその危険度を明らかにするためにも、現在見過ごされることの多いガス徴候を、1900年代ガス田開発のためにその発見に努めたように、各地域において、確認すべきなのであろう。ガス徴候と地下ガスによる火災発生の危険度の判定に関しては、後述する。

（2）地下ガスの歴史的記録と現状

石油は「燃ゆる水」として朝廷に献上されたと、日本書紀にも記されている。一方、天然ガスは保管・運搬が容易でないためか、そのような記録はないが、石油が草生水（くさうず）と称されていたのに対し、風草生水（かぜくそうず）と称され、古くから知られていた。

（a）懲震毖録

江戸時代、越後（新潟県）で発行されていた『懲震毖録』（注2-5）が、近年再発行され、地下ガスに関して次の記載がある。

> 如法寺村（現新潟県柏崎市）（中略）土中より吹出る風に真火をかざせば、火となりて勢強く燃立て、（中略）（A）地震ふりて後、火をかざせば、其烈しきこと、常よりも三増倍の火勢を発すればとて、失火をおそれしばしかのわざもとどめしに、日数ほどへて、また常の如くなりぬといえり。
>
> 元来、此のあたりは、（B）水田の中水沸々するところ、陸にては土中より風吹き出る気味ある所、数多なり。（以下省略）

新潟県内では、昔から天然ガスが発生しており、燃料として使用されていた。そして、「地震後、その発生量が多くなり、その後元の量に戻った（上記 A）」また「水田では泡となって発生し、陸地では風のようにふき出した（上記 B）」

と、それらの自然現象は当時正確に理解されていた。しかし、科学が進み、人が自然から離れて暮らすようになった現在では、このような現象が理解されにくくなっている。

(b) 石油産業発祥の地　出雲崎

『石油産業発祥の地　出雲崎』(注 2-6) の「尼瀬 (出雲崎の一角) 油田の始動期」には、明治以前の石油及び天然ガスのふき出しが理解され、次の通り記されている。

> 尼瀬海岸では昔から砂を掘れば草生水 (石油) が滲み出で、また、海中には〝草生水の潤 (潤:「湾または海岸の船着場・船曳揚場」広辞苑より)〟といわれた個所があって、小さい泡がブツブツ海面へ噴きあげる場所を〝小坪の潤〟、大きい泡のブクリブクリと湧く場所を〝大坪の潤〟と呼んでいた。しかし、石油や天然ガスの利用については、知識もなく、関心もなかった。
> (以下省略)

尼瀬では明治以降の石油ランプの普及に伴い、手掘り井戸で石油が採取された。その手掘りの採油には限界があり長続きしなかったが、明治 20 年頃から、機械による井戸掘りが試みられ、同 25 年には、機械掘り 1 号井で大噴油に成功した。そのころ、尼瀬は日本最大の産油地であり、現在は「石油産業発祥の地」と称されている。

明治時代の産油場所は、海域にあり、現在埋立てられ、その跡地が石油記念公園になっている。その公園でガス発生を感じることは出来ないが、ガス発生の危険性があるため、そこでの火気使用は禁止されている。そして、その海岸には桟橋があり、現在でもその桟橋上から海面に、この「尼瀬油田の始動期」に書かれたような上記状況を見ることができる。

旧産油場所では、産油量の減少により採算性が低下し、産油を止めたのであり、完全に枯渇したわけではない。その地下には、石油及びガスが貯留されており、全国各地に同じような場所があり、ガスが地面及び水面から噴気しているが、現在ではほとんど理解されていない。また、その噴気が理解されても、私たちの生活に直接・間接的に危害を与えると考えられることはほとんどない。

▼2. 3 地下ガスと噴気

(1) 地下ガスの性状と認識

(a) 地下ガスの性状

　可燃性ガスであるメタンは、無味無臭で、人体に対して無害であり、空気より軽い。私たちは五感で感じることができず、その発生に気づかないことが多い。ただし、メタンは無害であってもその発生量が多いと、狭い空間のメタン濃度が上昇し、逆に酸素濃度が低下する。つまり、放射線・ウイルス等が人体に直接大きな影響を及ぼすように、メタン発生によりその空間が酸欠空気に満たされ、その酸欠空気が人体に影響し、極めて短時間で人は死に至る場合もある。ガス検知器が使用されるようになった現代でも、地下ガス噴気に気づかず、対策を怠ると、大きな災害になる。火災・爆発事故が発生し、時に、地下室等の閉鎖した空間で酸欠事故が発生する。

　実際は、前章までに記したように、私たちは、河川・湖沼・海等の水底から発生する地下ガスを、水面で気泡として見て、その発生に気づいているのである。そして、その地下ガスは、大きな災害の時だけでなく、私たちが暮らす地上の生活空間でも、度々発生し、災害を起こしているが、そのガスは、その災害現場に証拠を残さない、透明人間のような犯人であり、その災害は原因不明となる。出火原因不明の火災は、その災害の一例である（「第三章　出火原因不明とその背景」に詳細を記す）。

　メタンガスの爆発は、その濃度が5.3 ～ 14%（爆発濃度という）で起こる。地下から噴気するメタン濃度は、地域・地層等によって異なり、高濃度（例えば、90%以上）の場合も少なくないが、噴気後、空気でガス濃度が希釈されて、その爆発濃度になり、そこに発火源があると容易に爆発する。

　また、発火源がなくても、空気がメタンガスに置き換えられ酸欠空気になると、人間を含む動植物に影響し、動物は死に至り、植物は枯れることがある。

(b) 地下ガスの昔からの認識

①言い伝え

　日本には、古くから色々な言い伝えがある。次の言い伝えは井戸に関してい

るが、その本質は地下ガスに関するものである。『建築の儀式と地相・家相』（注2-7）の「古井戸埋立ての清祓」より抜粋する。

> 昔から、井戸は、<u>人々の命を育むために神様から賜った尊い大切な宝物で</u>あると信じられている。（中略）井戸を埋め立てなければならなくなったとき、人々は長い間お世話になった井戸の神様に対し、感謝の心を捧げて<u>お別れの儀式</u>を行ない、その後、埋め立てる。

　井戸を埋立てる〝**お別れの儀式**〟を行う時に「**井戸の息抜き**」と称して、この井戸に管を立てた。特に、その井戸の上に建物を建てる場合は、井戸に立てた管を地表部で曲げ、建物の外側まで管を敷設した。埋立てた井戸深部からの地下ガス噴気が建物内に入らないよう、その管は井戸のガス抜きをしていたのであるが、そのように解釈されたことはあまりなかったようである。

②ことわざ

　地下ガスに関連したことわざの一つに「**池・沼・河の水の泡立ち多き時は雨近し**」があり、その解説が『天気予知ことわざ辞典』（注2-8）に記されている。

> 日によって池や沼や河水の水面に浮ぶ泡がちがう。この泡がとくに多い時にはやがて雨が降り出すということがいわれている。<u>低気圧が近づいて来る</u>時にはその前面ではまず南寄りの暖かい風が吹き始め、そのために気温が高くなる。暖かくなると（中略）<u>ガスの発生が多くなり</u>、（以下省略）

　暖かくなって〝**ガスの発生が多く**〟なると解説されているが、気圧低下によってガスの発生が多くなるとの考えは示されていない。地下ガス発生の条件は、気象を含む多様な要素が絡んでおり、私たちは気温変化を敏感に感じることはできても、気圧変化をほとんど感じることができないため、このように解釈されているのである。

（2）地下ガス貯留と噴気のメカニズム

（a）地下ガス貯留地域と噴気

　南関東平野における地下ガス噴気の事例を『施設整備・管理のための天然ガス対策ガイドブック』（注2-9）より、抜粋する。

　深度約 3,000m 以深には、日本列島の土台としての基盤岩である（中略）上総層群中に高濃度の天然ガスを大量に含む。（中略）上総層群中の天然ガスは、この上位の地層が透水性であれば、地表への噴出は十分考えられる。（中略）上総層群に対する地下開発などで地質環境が変わることによって、天然ガスが噴出するようになることがある（参照：図 0-2　地球断面モデル図）。

　さらに、『地球環境調査計測事典　第 1 巻　陸域編』（注 2-10）の「問題となる土中（地下）ガス」に「可燃性ガスは日本の平野部の<u>至る所で</u>発生することが知られている」と記されているように、南関東平野に限らず日本の広い範囲に、そして、世界各地に地下ガス貯留があり、そのような場所では〝<u>至る所で</u>〟地下ガスが噴気する可能性がある。

（b）噴気のメカニズム

　同上の「天然ガス対策ガイドブック」の「天然ガス地表噴出の発生メカニズム」より、地下ガス噴気のメカニズムの記載を抜粋する。

　地下水中に溶存していたメタンの一部がガスとして遊離すると、浮力によって透水層中を上昇していく。（中略）また、難透水層に隙間の開いた断層があれば、その隙間を上昇して行き天然ガスは地表へ噴出する。
　（中略）構造物の基礎杭や<u>ボーリング孔、井戸</u>などがあれば、地層と地下構造物との隙間や孔からガスが上昇していく。（中略）高気圧下にあるときはガスの噴出量は少なく、<u>低気圧下にあるときはガスの噴出量は多い傾向にある。</u>

　〝<u>低気圧下にあるときはガスの噴出量は多い傾向にある</u>〟ことは、この分野では常識となっている。さらに、追加すべきメカニズムは次の 2 点である。
① 〝<u>ボーリング孔、井戸</u>〟だけでなく、地震によって生じた噴流脈（＝砂脈）等からもガス噴出がある。
②ガス噴出の箇所に発火源があれば、火災が生じる。その現象が「地下ガスによる火災」である。

(3) 地下ガス噴気の形態と認識

(a) 地下ガス噴気の形態

　地下ガスは一定の条件が揃えば、色々な形態で地表にふき出る。その形態は、滲出・噴出・突出の3形態に分類されることがあるが、その定義は明らかになっていない。本書でも3形態に分類し、以下のように定義し、各々の形態による液化流動及び火災の特徴・実例等を示す。なお、滲出する・噴出する・突出するを総称して、ふき出すと記す。また、参考のため、各定義の後に各々の広辞苑での意味を併記する。

①滲出

　定義：地表と地下の圧力差のわずかな増加によって、地下ガスが地表面から少量・短期間ふき出す状態で、基本的には、ガスのみがふき出す（広辞苑：**にじみ出ること。しみ出ること**）。

　地表に滲出したガスは、大気中で希釈され、私たちの生活にほとんど影響しないし、水面からの気泡発生を除いて、火災等の事故が起きなければ、私たちはその滲出にほとんど気づかない。しかし、その滲出したガスが家屋内等に滞留し、かつ、そこに発火源等があると火災が発生する。

　この現象は、気圧低下時に起きており、「参考　1-3　類似事例：利根川下流域での火災（参照：p48）」に記した火災は、この滲出による災害例の一つで、全国で度々起きていると考える。

②噴出　（参照：「参考　0-2　用語の定義」）

　定義：地表と地下の圧力差が増加し、その圧力差が限界透気圧以上になって、その地層の性状が不透気から透気に変わり、大量の地下ガスが地表へふき出す状態で、地下水の地表へのふき出しを伴うことがある（広辞苑：**ふきでること。強くふきだすこと**）。

　滲出と違って、帽岩の狭いクラック等に地下水が入っていれば、その不透気性が保たれ、その地層の下に地下ガスが貯留されている。しかし、圧力差の大きな増加により、その不透気性が保てなくなるとガスがふき出し、その時、地下水のふき出しを伴うこともある。その圧力差の急な増加により、ふき出しは多地点でほぼ同時に起き、そこに発火源があれば、火災が多発する。ただし、滲出同様、

水面からの気泡発生を除いて、火災等の事故が起きなければ、私たちはこの噴出に気づくことはほとんどない。

この現象は、急な気圧低下時に起きていて、糸魚川大火は一例であり、大火時の不可解な現象は、この噴出によって起きることがあると考える。

参考　2-2　発火源としての電気機器

　気圧低下と地下ガス貯留が、地下ガス噴気発生の自然条件であり、この2つに人為的条件である発火源を加えた3つが、「地下ガスによる火災」発生の基本条件であり、発火源は電気機器の場合も多い。「地下ガスによる火災」の理解には、五感で感じることのできない「気圧」「地下ガス」「電気」の3つの理解が必要であり、「気圧」「地下ガス」同様、発火源としての電気機器の再考が不可欠である。

（a）発火源

　有史以前、たき火が明かり・熱源として使用され、文明が進むにつれ、ろうそく・油等が、さらに明治時代以降、電気機器等が同様の目的で使用されるようになった。近年、電気機器は明かり・熱源として使用されるだけでなく、動力・通信等にも使用されている。さらに、通常、電気は配線によって供給されるが、最近では電気配線を必要としない電池式・充電式等の電気機器が数多く使用されるようになっており、電気機器は進化・多様化している。

（b）電気機器の防爆・非防爆仕様

　現在、多様な電気機器が身の周りにあり、ほとんどすべての人は電気機器を使用して生活しているが、地下ガス噴気がある環境下では、そのほとんどが使用できない。電気機器は、電気が流れだす時の電気火花が発火源になるか否かの観点から、防爆仕様と非防爆仕様の2つに分けられ、地下ガス噴気がある環境下で使用できるのは、電気火花が制御できる防爆仕様の電気機器だけである。その理由を実例から説明すると次の通り。

　通常の生活で使用されている電気機器は、全て非防爆仕様である。一方、

防爆仕様の電気機器とは、発火源とならないよう、その構造規格を満たす製品（基本的に日本工業規格等の防爆の認定を受けている製品）であり、可燃性ガス発生の可能性があるトンネル等で使用できる電気機器は、防爆仕様である。

　普段使用されている蛍光灯等の照明（LEDを含む）機器に防爆仕様があるように、携帯電話、スマホ等にも防爆仕様があり、さらに、非常時に欠かせない電池式懐中電灯にも、防爆仕様がある。

　労働安全衛生規則には、トンネル（ずい道）内で可燃性ガスのふき出しによって爆発等の危険性が高まる場合、労働者を退避させるだけでなく、火気使用を制限することが定められている。具体的には「ずい道の建設の作業等」に関する条文で「**可燃性ガス濃度が爆発下限界の値の30%以上であることを認めた時には、**（中略）**火気その他点火源**（発火源）**となるおそれのあるものの使用を停止し**（以下省略）」となっている。メタンガスがふき出て、その濃度が爆発下限の値5.3%の30%に相当する1.5%以上になる環境下で、使用できる電気機器は防爆仕様だけとなる。万一、そのような条件下で非防爆仕様の電気機器を使用すれば、火災・爆発等が起きてしまう。

（c）通電火災時の電気の遮断

　地震時に電気を遮断することは、関東大震災前から避難時の注意点として、指摘されており、その指摘が、当時徹底されていたか確認できないが、関東大震災発生後の3日間、火災が多発した。

　また、阪神大震災時の多発火災を踏まえ、その震災以降、通電火災を防止する目的で、分電盤が揺れを感知し電気を遮断する機能が付いた感震ブレーカーの設置が推奨されている。しかし、感震ブレーカーによる電気の遮断とは、電気配線によって供給されている電気であり、電池式或いは充電式の携帯用電気機器の電気の遮断は出来ず、非防爆仕様のそれら電気機器を、爆発濃度の環境下で使用すれば、火災等の事故が起きるのである。

　普段の生活の場で、電源プラグをコンセントに差し込む時、そのコンセントの中に一瞬発生する火花を、誰でも目視で、特に暗闇では、容易に確認できる。その生活の場でも、地下ガス噴気が発生する可能性がある場合、防爆

仕様の電気機器を除いて、電池式或いは充電式を含むすべての電気を遮断しなければならないとする考えは、これまでなかったが、検証不可欠と考える。

③**突出**（参照：「参考　0-2　用語の定義」）

　定義：噴出と同じように圧力差が増加し、その圧力差が限界透気圧以上になって、地下ガスが地盤の限られた地点から大量にふき出す状態で、地下水及び土砂の地表へのふき出しを伴う（広辞苑：突き破って出ること。また、だしぬけに飛び出すこと）。

　滲出及び噴出と同じように、地下ガスが突出しても、そこに発火源がなければ、火災は起きず、私たちは、地下水及び土砂のふき出し状況から、液化流動現象が発生したと判断しているのである。関東大震災時、被服廠跡地では、地下水・土砂及びガスがふき出していて、そこに発火源があり、火災が発生したと考える。当時、一か所で３万６千人の死者があり、火災に関連する記録だけが注視され、それ以外の記録は軽視されてしまったようであるが、被服廠跡地で起きた事象は、この「突出」から検証されなければならないと考える。なお、関東大震災時の被服廠跡地での火災については、第五章で後述する。

　ガス突出量が多い場合、火災発生の可能性が高くなり、屋内だけでなく、屋外でも外灯等を発火源として火災が起こる。緊急時にその必要性が高まるとされるスマホ・懐中電灯等も、発火源であり、それらの使用により、被服廠跡地で起きた悲劇が再現される可能性がある。第五章に示す爆発的火災・特異な炎等は、このガス突出によって起きたと考える。

（b）地下ガス噴気の間接的影響とその認識

　私たちは、日々自然の変化を感じ、理解しながら暮らしているが、科学技術が進むにつれて、その自然の変化が感じにくくなり、理解できなくなってきている。

　端的な例の一つが井戸である。昔の井戸は人力によって掘削され、その直径は１m程度あった。私たちは、その井戸を日々利用し、常に目視で井戸内に起きる変化（水位・水質等）を観察していて、地震時に生じる井戸水面の水位変化・ガス発生・水質の濁り等を、異常現象として観ていた。しかし、最近の井戸は機械で掘削され、多くの井戸の直径は15cm程度であり、井戸水面の変化を目視で確

認することはできない。井戸構造の変化によって、私たちの暮らしは自然から離れてしまい、昔から〝人々の命を育むために神様から賜った尊い大切な宝物〟であると〝言い伝え〟られてきた井戸は、〝人々の命を育む〟だけでなく、自然現象を写す鏡のような存在であるが、私たちはその価値が理解できなくなっている。

　もう一つの理解できなくなっている例は、自然の環境下で暮らす生物たちの行動である。特に、地中で暮らす、或いは水中に棲む生物は、地下ガス噴気を日々感じ、地下ガスの噴出・突出等により水中及び地中に生じる酸欠空気の発生を感じていると考えられるが、私たちは理解できていない。そして、その変化を敏感に感じた生物は、その危機を回避するために、普段と違う行動、例えば、地中の穴から集団で出てくる等の行動変化をとっているが、私たちは自然から離れて暮らすことにより、地下ガスの噴出・突出等を感じる機会がなくなり、それら生物の行動変化を謎の異常行動と見ているのである。
　この酸欠空気の発生を、カナリアは人間よりも先に察知することができ、その反応が異常行動として表れると言われている。昔、この反応を利用して、カナリアを鳥籠に入れ炭鉱の坑内に持ち込んだ。カナリアの異常行動は、坑内空気の変化の表れ、つまり、坑内に危機が迫っていることの警鐘ととらえ、人間はその危機を回避するために活用した。「炭鉱のカナリア」という言葉が最近使われていて、「〈中にある毒ガスなどの〉危険を早めに察知するために使うもののたとえ（三省堂現代新国語辞典第六版より）」とされ、金融の世界では、バブル崩壊などの危機を示す前兆という意味がある。私たちは、酸欠空気の発生で生物が行動変化を起こすことを知っており、その行動変化を活用していたが、そのような知識と活用は極めて限定的であった。

　私たちは、今後も、地下ガス噴気を五感で感じることは難しい。しかし、井戸水面の変化や生物の行動変化等は、異常現象でなく、「炭鉱のカナリア」と同じく地下ガス噴気によって生じる自然現象であると理解した上で、それら自然現象を観察・観測することが重要である。原因不明の異常現象であれば、その対策を立てることは不可能であるが、それらが自然法則に従った変化であると理解でき、それらの因果関係を明らかにできれば、炭鉱内でのカナリアの行動変化時、危機

回避できたように、私たちの知恵で自然災害等に対する対策を立てることが可能
となる。

参考　2-3　地下ガス噴気の痕跡

（参照：後掲の「図6-7　地学・陸水学・気象学における擾乱発生図」）

　地下ガスのふき出しによる水面に浮かぶ気泡は、発生直後に、その痕跡を
残さず消えてしまうが、その痕跡が中長期間残ることがある。ここに記す中
期間とは数時間から数週間で、その痕跡は冬期に結氷した湖沼面にできる未
結氷の穴、つまり、水の穴であり、また、長期間とは地下ガス噴気の規模
にもよるが、長ければ年単位であると考えられ、その痕跡は湖沼底の凹地で
ある。結氷した湖沼面の水の穴も、湖沼底の凹地も、「釜穴」と呼ばれ、そ
の成因は諸説あったが、両方とも地下ガス噴気が主な成因である。ここでは、
その各々を区別するため、名称を湖面釜穴及び湖底釜穴とし、以下、それら
痕跡の概要を記す。さらに、湖面釜穴同様、冬期に、結氷した湖沼面の氷中
にできるアイスバブルに関しても記す。

(a) 湖面釜穴

　諏訪湖は、冬期の湖面結氷後、「御神渡り」が発生することで有名であり、
これは湖面に一部盛り上がった氷堤ができる不思議な現象であったが、その
成因は解明されている。この御神渡りとは別に、同じく冬期に結氷した湖面
に、不思議な水の穴である「湖面釜穴」ができることがある。文献「岡谷市
下浜沖〝弁天釜〟付近調査報告」（注 2-11）に、湖面釜穴が報告され、湖面
釜穴とは、「**メタンガスの逸散により水温の成層状態が擾乱され、湖底と水
面の温度較差が小さくなるため結氷しないものであることがわかった**」と
記されている。その形状は、「御神渡り」の氷堤が直線的であるのに対して、
湖面釜穴は円形である。なお、〝**メタンガスの逸散**（＝地下ガス噴気）〟によっ
て湖水が〝**擾乱**〟されると記されているが、地下ガス噴気による擾乱は多様
であり、「6.2（2）気象学及び地学等の擾乱」に後述する。

(b) 湖底釜穴

　同湖の湖底には、湖底釜穴もあり、文献「諏訪湖湖底の構造調査と環境地質」（注 2-12）で報告され、「（湖底に）**数は 300 個近くあり、直径は数十㎝〜10 数 m、深さは数十㎝程度である。10 数個がかたまったり、数 10 個が線上に並んだりしている**」と記され、その成因も「**地下深部からの温水を含む地下水・ガスなどの湧出による**」可能性が一番高いと記されている。湖面釜穴は、湖面の氷が溶けることにより消滅するが、湖底の凹地である湖底釜穴は、長期間メタンガス等の噴出孔として残っており、湖底の調査により、それを確認できる。なお、形状は、上記の通りであり、地震時の液化流動によって生じる噴出孔と同じように多様で、類似のタイプがある。

　また、同文献には「（湖底）**釜穴は日本の湖でも山中湖、浜名湖、（中略）からも報告されている**」とあるように、諏訪湖だけでなく、条件が揃った地域の湖底に発生している。

(c) アイスバブル（泡氷）

　アイスバブルとは「湖底から湧き出たガスが湖面の氷中に閉じ込められたもの」で、湖面の結氷が進むにつれて氷中にでき、地下ガス噴気の証拠である。世界各地の寒冷地にある多くの湖に現れ、日本では、諏訪湖・赤城山大沼等で現れることが知られている。

　この現象は、芸術分野の写真でも撮られ、美しく、神秘的でもある。2 種類の釜穴は地下ガス噴気の痕跡であるのに対し、「写真 2-1　アイスバブル（群馬県赤城山大沼にて）」からも分かるように、アイスバブルは多様な気泡（ガス）が氷中にその形状を現している。また、そのバブル上の氷に穴を開け、その中の気体を燃やす映像も撮られており、そのバブルがメタン等の可燃性ガスであることが分かるが、そのバブルが自然界にどのような影響を及ぼしているか、自然科学の分野で議論されたことはないようである。

▼2．4　井戸と地下ガス・火災

　地下ガス貯留状況は明らかになりつつあるが、地下の地層構造等は複雑であり、地下水を採取する目的で井戸を掘削しても、掘削時だけでなく、井戸使用開始後

地蔵岳 標高1674m

多様な気泡（ガス）が氷中にその形状を現している。

赤城山大沼湖畔
青木旅館H.P.より

赤城山
大　沼

写真2-1 アイスバブル（群馬県赤城山大沼にて）（口絵　2、カラー図　参照）

にも、予想外の地下ガス噴気発生が少なからずあり、その目撃報告は多様である。井戸は地下ガス噴気の通り道であり、「地下ガスによる火災」に深く関係している。

（1）井戸の活用と課題

　生物は地表で生きるだけでなく、地下を上手く活用して生きている。同じように、人も地下を活用して、生活の快適性を向上させてきた。竪穴式住居に住むために地盤を掘ること、あるいは、水を得るために井戸を掘ること等は、その例であるが、地下の条件は複雑であり、地下の活用には課題がある。

　竪穴を掘ると湧水が生じることがあり、その現象は視覚により確認され、解決は不可欠であったため、私たちは良く理解し、その課題を克服してきている。一方、井戸を掘るとガスが生じることがあっても、その現象は五感で感じることは難しく、解決すべき課題と理解されながらも、私たちの生活に影響を及ぼし続けている。以下、過去にあった２つのガスに関する課題事例を記す。

①戦後の昭和20年代（1945〜1954）の東京湾沿岸の開発時、埋立地の井戸から、予想外の温水と天然ガスがふき出した。そのため、用地（現在の千葉県船橋市

二章　地下ガス貯留と噴気

にある「ららぽーと TOKYO-BAY」）の利用目的が変更され、それらを地下資源として活用し、船橋ヘルスセンターとして開発した。この事例は当時井戸を活用し、課題を克服した事例でもある。

②戦後、東京都の下町でも天然ガスが産出された。その産出に伴って、予想外に地盤沈下が進んだため、ガス産出は中止され、中止後の 1973（昭和 48）年に台東区浅草で連続的に火災が発生し、当時社会問題にもなった。類似事例はその後も時々発生しており、この課題は現在も残されている。

　これら事例のガスは、「図 2-3　地下ガスの分類」に記した水溶性ガスである。溶存ガスを含む地下水を揚水し、地上で溶存ガスを地下水から分離し、採取していた。特に、上記②の事例では、ガス産出のための揚水を中止後、大きく低下していた地下水位が回復（上昇）するにつれ、地下水の中に残っていたガス等がふき出しやすくなり、火災が発生していた。

（2）井戸の記録と火災（東京都文京区本郷台の事例）

（a）古文書及び遺跡等の記録

　全国各地に井戸の記録及び遺跡等が残っている中で、歴史的記録が数多く正確に残っている「東京都文京区本郷台及びその周辺」を事例として、井戸と生活、そして火災との関わりを記す。

　文京区本郷台は、その東側の弥生町から素焼きの土器が出土し、その時代（B.C.10 世紀から A.D.3 世紀頃まで）が「弥生時代」の由来となった地域であり、その地域には古くからの歴史が残っている。また、江戸時代初期、台地の中央付近に、加賀藩が藩邸を構え、その後、今日までの土地利用の変遷が明らかであり、他に例のない多くの記録が残されている。各々の時代の**ポイント**と記録に残された井戸と生活・火災との**関わり**は、以下の通り。

①江戸時代以前

ポイント：この台地東側は早くから歴史に登場する地域であった。一方、この台地中央付近は、江戸時代初期に歴史の表舞台に登場するまで、大規模な土地改変は行われていなかった。

関わり：台地東側には、弥生時代の遺跡があると共に、古墳時代から平安時代の
　　　　住居址もあり、当時、豊富な湧水に恵まれ、人が暮らしやすい土地柄であった
　　　　と推測される。一方、この頃まで台地中央付近は、水が得られなかったため
　　　　（深い井戸を掘る技術もなく）、人は暮らしておらず、ほぼ自然のままであった。

②江戸時代

ポイント：江戸時代初期、百万石の大藩である加賀藩が台地中央付近に藩邸を構
　　　　え、明治に至るまで使用した。

関わり：多くの人が藩邸内に住むようになり、生活水の確保のために、藩邸内に
　　　　多数の井戸が掘られ、地下水が揚水された。火災・地震等の災害を何度も受けた。
　　　　建物は何回か建替えられ、それら建物に関する古文書が加賀藩に残されている。

③明治時代以降

ポイント：明治以降、加賀藩邸は文部省（現文部科学省）用地となり、今日に至
　　　　るまで東京大学が使用している。

関わり：多くの校舎が建てられ、引き続き井戸は残されていた。1923年関東大
　　　　震災時、火災が発生し大きな被害を受けた。焼失した校舎等は、震災後再建さ
　　　　れ、さらに、1960〜1970年代それらの多くの建物は建替えられ、それらの
　　　　記録も残っている。また、建替え時、大規模な遺跡調査が行われ、加賀藩邸時
　　　　代以降の建物・井戸等の遺跡が明らかになっている。

(b) 残された井戸の記録と課題

　加賀藩邸の図面には、多くの井戸が記されており、遺跡調査でその位置が確認
できている井戸もある。井戸の目的や深さは多様であったが、深さ約10mの井
戸があり、この地の帯水層である砂層まで達していた（参照：図2-7　東京大学付
近の地質と同構内の井戸水位変化図）。特に、関東大震災時出火を起こした医化学
教室北方の場所に、加賀藩邸時代（江戸時代初期）の井戸が数多くあった（参照：
図2-8　東京大学構内平面図〈関東大震災当時の被災状況と過去の建物概要〉）。

　明治初期、外国人の学者が大学構内を調査した折、誤って井戸に落ちることが
あったように、その頃まで、江戸時代に使用されていた井戸が残っていた。また、
発掘された井戸の中には、非常に丁寧に埋戻されていた井戸があり、その記録が
『甦る江戸』（注2-13）の「加賀藩江戸藩邸跡の発掘」に、次の通り記されている。

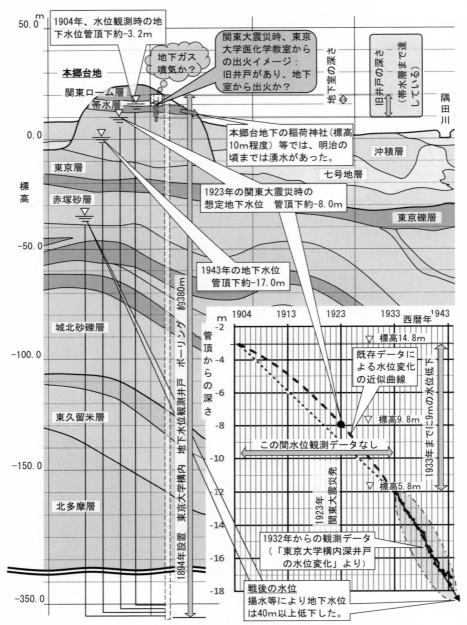

図2-7　東京大学付近の地質と同構内の井戸水位変化図

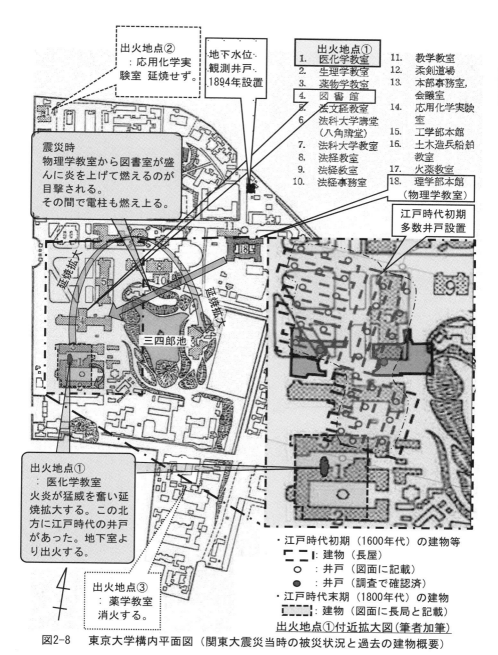

出火地点②
：応用化学実験室 延焼せず。

地下水位・観測井戸・1894年設置

出火地点①		
1.	医化学教室	11. 教学教室
2.	生理学教室	12. 柔剣道場
3.	薬物学教室	13. 本部事務室, 会議室
4.	図書館	
5.	法文経教室	14. 応用化学実験室
6.	法科大学講堂 (八角講堂)	15. 工学部本館
7.	法科大学教室	16. 土木造兵船舶教室
8.	法経教室	17. 火薬教室
9.	法経教室	18. 理学部本館 (物理学教室)
10.	法経事務室	

震災時
物理学教室から図書室が盛んに炎を上げて燃えるのが目撃される。
その間で電柱も燃え上る。

江戸時代初期
多数井戸設置

延焼拡大

延焼拡大

三四郎池

出火地点①
：医化学教室
火炎が猛威を奮い延焼拡大する。この北方に江戸時代の井戸があった。地下室より出火する。

出火地点③
：薬学教室
消火する。

・江戸時代初期（1600年代）の建物等
  ┗ ┛：建物（長屋）
  ○ ：井戸（図面に記載）
  ● ：井戸（調査で確認済）
・江戸時代末期（1800年代）の建物
  ┗━━┛：建物（図面に長局と記載）
出火地点①付近拡大図（筆者加筆）

図2-8 東京大学構内平面図（関東大震災当時の被災状況と過去の建物概要）

> 　井戸がみつかっているが、この井戸は廃絶後埋め戻され、石を積んで完全に蓋がされている。石は二段に積まれており、下段は切石を並べ隙間に礫を充填している。（中略）何のためにこのような厳重な閉塞を行ったのか全く不明で、井戸の底まで慎重に調査を行ったが、手がかりとなるものは発見できなかった。

　当時も、火災を含めた不可解な災害があり、それら災害の原因は明らかでなかったが、井戸が何らかの悪影響を及ぼしていたとの認識があり、その悪影響を除くために、〝厳重な閉塞〟をしたと推測できる。

　井戸の閉塞は、現代においても大きな課題であり、類似の内容が前掲の「施設整備・管理のための天然ガス対策ガイドブック」に、「閉鎖した温泉の井戸が原因となるガス爆発事故が報告されている。（中略）廃孔の際は、（中略）正確な廃孔処理が必要である」と報告されている。上記井戸の〝厳重な閉塞〟とは、このガイドブックの〝正確な廃孔処理〟であり、その目的は、地下ガス噴気防止、つまり、地下ガスによる火災の防止であったと考えられる。

　ただし、〝礫の充填〟による〝厳重な閉塞〟では、礫は土砂に比べて重く、力学的には厳重であっても、礫と礫の間は、むしろ透気性が高いため、地下ガスは噴気しやすく、地下ガス噴気防止対策としては〝厳重な閉塞〟とはならなかった。したがって、江戸時代、このような処置では地下ガス噴気を防ぐことはできず、火災発生等のトラブルは減らなかったと思われる。また、本章で既に記した「井戸の息抜き」とは、井戸の閉塞が困難であると理解し、井戸を埋め戻す時にその中に管を立てたのであり、その管は「ガス抜き対策」であった。

　近年、井戸から発生するガスによる爆発事故を防ぐための地下ガス噴気防止対策が必要とされ、その対策が実施されているが、未だ徹底されておらず、火災・事故等が起きているのが実態である。この対策の実施は、現在、そして将来の課題である。この〝正確な廃孔処理〟に関しては「6.3（3）出火原因不明と科学的視点からの新たな仮説」の一つに、別途記す。

（c）火災の類似性
　江戸時代、この本郷台も他の地域と同じように何度も大火が発生した。強風時、

厳重な警戒態勢下でも出火原因不明の火災、そして不可解な現象が多かった。特に江戸時代中期、火災が多発した。1722（享保7）年、当時既に地下に水道が設置されており、その水道設置がその火災多発の原因と考えられ、設置されていた水道が廃止されたことがあった。以下『水道の文化史』（注2-14）の抜粋である。

（水道の）<u>廃止理由として考えられることは、</u>（中略）儒官でもあった室鳩巣が提出した江戸の火災防止のためだとするつぎのような趣旨の建議によるというようなことも伝えられている。

明暦以降江戸市中に水道が普及してからは、地下に縦横十文字に水道管が通され、水道の水が流れているので、地脈は切断され地気が分断してしまった。風を拘束するものもなくなり、土の潤いが水道の方にとられて大火になる可能性が生じてきているので、この際、水道はつぶしてしまいたいものである。（なお、この内容は、当時将軍に仕えていた儒学者、室鳩巣が書いた『献可録』の引用によっている）

当時のこのような対応は、現在、多くの学者等によって非科学的であると言われている。しかし、必ずしもすべてが非科学的であったわけでなく、科学的な現象「地下水の汲み上げにより、深い層にあった地下水が上昇し、その地下水から遊離ガスが発生しやすくなり、気圧低下によってガスのふき出しがある」が、火災の真相解明にあたり、見落とされていると考える。再考が必要であろう。

関東大震災時にも、不可解な現象が東京大学構内であった。震災時に同構内で3カ所（参照：図2-8）から出火した。そのうちの1ケ所、医化学教室からの火勢は「**医化学教室の火焔のみが猛威を奮い**」と記録され、延焼を起こし、多くの校舎を焼失させた。延焼した建物の一つに同構内の図書館があり、その付近の火災の状況が、以下のように『手記　関東大震災』（注2-15）で紹介されている。

（図書館は盛んに炎を上げて燃えていた）……窓の外の電柱がチョロチョロ燃えていた。図書館から100米（m）以上離れている電柱が、輻射熱で火がつく筈もないし、飛び火といったって、垂直に立っている棒にどうしてくっついたか<u>不思議</u>だったが、兎に角燃えているので……

これは、当時、同構内の物理学教室にいて、その教室への飛び火を防いでいた学生の目撃情報である。物理学教室は、図書館から約200m程度の距離にあり、その電柱は図書館とその教室の間に立っていたようである。医化学教室の出火原因は、薬品の転倒によるとの説もあるが、この付近で発生した火災は特異であり、他の出火と違っていた。この時、地下ガスによる火災が起きていたと考えるが次の通りある。

　出火のあった医化学教室の北方には、加賀藩邸時代の井戸があった。そして出火は地下室であったと『東京大学百年史　通史2』（注2-16）に記されている。江戸時代の出火原因が、気圧低下による井戸からの「ガスのふき出し」と考えられるように、この医化学教室の出火原因も、地震動による井戸から地下室を経ての「ガスのふき出し」であり、同じように、<u>"不思議だ"</u>と記された電柱が燃えた原因も、「ガスのふき出し」であったとも考えられる。特に、後者の発火源は電柱の電気であった可能性がある（参照：図2-7、図2-8）。

> **参考　2−4　関東大震災と水位観測**
> 　関東大震災当時、東京大学構内に地下水位観測井戸（参照：図2-7、図2-8）が既に設置されていた。文献「東京大学構内深井戸の水位変化」（注2-17）に、当時の状況が記されており、以下、その抜粋である。
>
> > 　直径わずかに15㎝の鉄管が地面の上に1mあまり出ているだけである。しかし深さは380mもある。（中略）明治27（1894）年震災予防調査会が、（中略）掘ったものである。（中略）水位変化の測定についても、観測計画の一つであったことは、いうまでもなく、本多光太郎によって1903年から1904年のある期間について連続観測が行なわれた。（以下省略）
>
> 　関東大震災当時、この井戸の地下水位の観測は中断されていたが、「**この大地震**（関東大震災）**こそは再びこの深井戸に注意を向ける契機を与えるものであった**」と記載があり、1932年に観測が再開された。1932年以前の記録にも興味深い記録データがあり、次の通りであった。

> 1933年4月までの観測資料にもとづいた報告で、水頭は当時地表面下約12mとあり、この値は前記Honda（本多）（1904）による報告の3.2mに比較すると30年の間に、どのような変化をしたかは分からないが約9m水位は低下したことになる。（以下省略）

　以上の報告とその後の水位データを纏めて示すと、図2-7の通りであり、このデータの主なポイントとそれから想定されることは、以下の通り。

≪ポイント≫
　既存データによる水位変化の近似曲線から、震災当時の地下水位を推定すると、1904年に比べ、既に5m程度（観測井戸の管頂高さを標高18mとすると、井戸設置当時、同標高14.8mで、震災時、同標高9.8m）低下していた。
≪想定≫
　戦後の顕著な地下水位の低下（40m以上の低下）に比べれば、当時の水位低下は小さいが、井戸設置当初から地下水位低下が発生しており、関東大震災当時、既に約5m低下していた。水位低下は、地下水中の溶存ガスの遊離に影響し、前記医化学教室からの出火の一因は、その遊離による地下ガス噴気であった可能性がある。

　1891年に起きた濃尾大地震（10月発生、震源　岐阜県西部、M8.0）は、我が国最大の内陸地震であり、その被害が甚大であったため、震災予防の研究と実施を目的として、1894年に震災予防調査会が発足した。その調査会による同年の東京大学構内の井戸設置が、地震と地下水位等との関連性解明のスタートであった。現在では、全国各地に同様の目的で類似の井戸が数多く設置され、1894年の井戸設置後100年以上に渡り観測が続けられている。その観測により、地震時に地下水位が急激に上昇または低下する等、多様なデータが各地で得られているものの、未だ、地震と地下水変化の関連性は解明できていない。地震動による地下水位の急激な変化は、地震動による地下ガス発生の影響であると、既に前著でも記しているように、その視点からの観測・解析等が不可欠である。

物理学者中谷宇吉郎（1900～1962）氏が残した言葉に「**雪は天から送られて
きた手紙である**」があるように、「**噴気は地下から送られてきた〝忍び〟である**」。
また、気泡は、一瞬だけ現れた〝忍び〟の仮の姿である。雪の結晶から気象条件
等が推定できるように、噴気の成分等から地下のガス貯留状況等が推定できる。
　そして、井戸は、その〝忍び〟の通り道で、未知なる地下と広大な地上との間
にある人工の重要な中継路でもある。井戸は、地下ガス挙動の検証には欠かせな
いだけでなく、地下ガス噴気の自然現象が、真っ先に現れる箇所であり、地表へ
の地下ガス噴出を予測する手段として、また、各地域によって異なるその噴出の
危険度を判定する手段として活用する価値がある。地表への地下ガス噴出危険度
判定と予測に関しては、後述する。

第三章

出火原因不明とその背景

　消防の出火原因の分類の中に地下ガス噴気はない。そのため、その原因で火災が発生しても、現在の分類では出火原因不明等として扱われる。その理由は「地下ガス噴気は、自然法則に従って、日々発生している自然現象である」ことが、科学の各分野の境界に埋もれ、調査・研究等が進んでいないためである。各分野で地下ガス噴気が火災に及ぼす影響を研究・解明し、出火原因の分類を見直す必要がある。

▼3．1　出火原因不明

（1）出火原因と傾向

（a）毎年の傾向

　毎年の火災発生状況は、総務省消防庁の『火災年報』（注3-1）に掲載されている。その年報は、各市町村が『火災報告取扱要領ハンドブック』（注3-2）に従い、火災の出火原因等を分類・集計し、それらのデータを国が取りまとめた報告書である。

　多様な火災の中には、不可解な現象によって起きる特異火災と称される火災がある。それら特異火災に関する分類は、明確になっていないが、特異火災を含め、火災の分類を「図3-1　火災の分類方法と特異火災」に示す。特異火災に関しては、次章以降に記すが、先ず、上記「火災年報」の「全火災の総合出火原因別・主な経過別損害状況」に記された出火原因（参照：図3-1）に従って、そのデータを概観すると以下の通りである。

　放火による出火件数が一番目に記され、次に、たばこ・こんろが続いている。また、「放火」とは別に「放火の疑い」が出火原因の一つとしてあり、四番目になっている。これら主な出火原因に関しては、その解説等が記されている。

　最後から二番目が「その他」で、最後が「不明・調査中」と記されている。

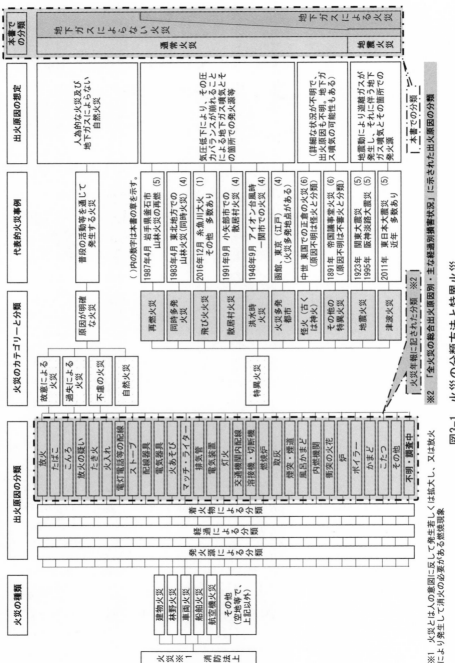

図3-1　火災の分類方法と特異火災

※1　火災とは人の意図に反して発生若しくは発生若しくは拡大し、又は放火
　　により発生して消火の必要がある燃焼現象

※2　「全火災の総合出火原因別・主な経過別損害状況」に示された分類

86

「不明・調査中」の出火件数の方が、一番目に記された放火よりも多い。「不明・調査中」及び「その他」を含んだ出火原因別火災件数のパレート図を作成すると、「図3-2　平成27年度　出火原因別火災件数」の通りとなる。「不明・調査中」が放火より約2割多く、全火災件数に対する比率は約12％となっている。

　なお、パレート図とは「降順に並べた棒グラフと項目ごとの累積比率を合わせた図」で、各項目の全体における割合を明らかにし、重要性や対応優先度の判断が促される複合グラフである。ただし「その他」は、右端に記される。つまり、このパレート図によれば、「不明・調査中」が対応優先度が高いと判断されることになる。

　『消防白書』（注3-3）でも、上記の主な出火原因に関する解説等が毎年公表されているが、件数が一番多い「不明・調査中」に関しては、「火災年報」でも取り上げられていないように、白書でも解説等はない。数多く発生する「不明・調査中」の火災は、対応優先度が高いにもかかわらず、出火のメカニズムに不明点があるためか、ほとんど対応が取られていないように思われる。

　さらに、毎年の火災によって発生する建物の焼損面積および損害額を、近年（2011〈平成23〉年〜2015〈同27〉年）のデータで比較すると、「図3-3　主な

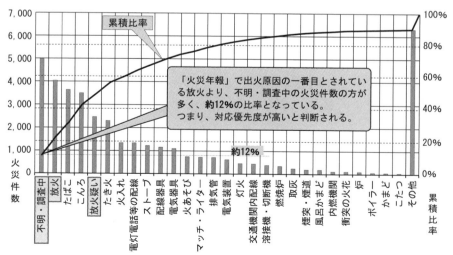

図3-2　平成27年度　出火原因別火災件数（パレート図）（消防庁のデータより）

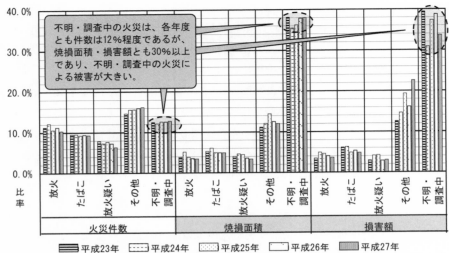

不明・調査中の火災は、各年度
とも件数は12％程度であるが、
焼損面積・損害額とも30％以上
であり、不明・調査中の火災に
よる被害が大きい。

図3-3 主な出火原因別の火災件数、焼損面積と損害額の比較

出火原因別の火災件数、焼損面積と損害額の比較」の通りとなっている。「不明・
調査中」の出火件数の比率が12％程度に対して、同焼損面積及び同損害額の比率
は30％以上の高い比率となっていて、「不明・調査中」の火災は、発生すれば被
害が大きくなり、私たちの安全な生活に大きな影響を及ぼしていることが分かる。

　　出火原因の検証にあたり、本書では、「不明・調査中」と扱われている火災を、
「出火原因不明」の火災と記す。

参考　３−１　出火原因不明の火災

　　出火原因不明に類する火災は、昔から数多くあった。平安時代初期に編纂
された「日本後紀」にも記されており、当時、そのような火災は「神火」と
呼ばれていた。『日本史料　日本後紀』（注3-4）には「神火：**神の祟りによ
り生じたとされた火災。落雷などにより発生したケースもあったが、正倉**
（正倉：「律令時代の中央・地方の諸官庁または寺院などの倉庫のうち主要なもの」
広辞苑より）**の焼失は放火によるものが多かった。国司が官物焼失の責任を
逃れるために神災・神火と称して報告したのである**」と記されている。
　　700年代に初めて、その神火は記録され、出火原因不明の火災と恐れられ

ていた。その発生は東国に比較的多く、「『神火』の再検討」（注 3-5）に、その地域性が次の通り記されている。

> 　神火の発生地帯を地勢図上に落してみると、それらの地帯はいずれも利根川・荒川あるいはその分・支流に位置し、しかも近傍に広大な湿地帯を抱えるなどの共通する特徴をもつ地帯であり（以下省略）

　神火の検証はできないが、この火災発生地域と地下ガス貯留地域は重なっている。

　近代化が進んだ明治以降も出火原因不明の火災は多数あり、その名称を江戸東京の歴史が書かれている『東京市史稿　変災編　第五』（注 3-6）より確認すると、時代と共に次のように変わってきている。

　明治の初め、火災の記録には、出火原因の項目があり、「放火」「手過り」「怪火」の 3 つで、「手過り（てあやまり）」は過失で、「怪火」は原因不明であった。その後、「怪火」に代わり、「不審火」が用語として用いられるようになった。

　現在でも、広辞苑で、不審火は「**原因が定かでない火事。放火の疑いが持たれる火事**」で、怪火は「**ふしぎな火。原因の分からない火事**」となっているように、この 2 つは共に「出火原因不明の火災」とほぼ同じ意味がある。また、「放火」及び「放火の疑い」も、その出火原因が断定されている訳でなく、類似の意味がある。
　これら出火原因不明の火災も地下ガス噴気が関与している可能性があり、後述する。特に、「6.3（3）出火原因不明と科学的視点からの新たな仮説」に記す。

（b）毎年の「主な火災事例」の傾向

前掲の『火災年報』には、毎年、発生した数万件の火災から「主な火災事例」として数 10 件が抽出され、その内容が掲載されている。2011（平成 23）年から

表3-1　最近5年の主な火災事例のまとめ（平成23〜27年、消防庁のデータより）

| 平成 | 主な火災件数 | 出火原因 | | | | 備　考 |
| | | 放火及び放火の疑い、合計 | | 不明・調査中 | | |
		件数	比率	件数	比率	
23	55	7	13%	28	51%	
24	40	3	8%	23	58%	「主な火災事例」では、出火原因不明の火災が多い。
25	40	5	13%	30	75%	
26	44	3	7%	21	48%	
27	45	6	13%	21	47%	
計	224	24	11%	123	55%	

2015（同27）年までのその火災事例の内容をまとめると「表3-1　最近5年の主な火災事例のまとめ」の通りであり、これら主な火災事例には、特に「出火原因不明の火災」が多く、全体に対するその出火件数比率が、前述の通り12％程度に対し、この「主な火災事例」では約半分が「出火原因不明の火災」となっている（5年の平均で55％）。なお、放火及び放火の疑いを出火原因とする合計件数の比率は、10％程度と少なくなく、「出火原因不明の火災」と合算すると60％程度になる。つまり、出火原因が明らかになっている比率は40％程度しかないことになる。

　毎年の「主な火災事例」の定義は示されていないが、火元の用途等は住宅・倉庫・工場等である。これらの火災は、私たちの生活に密着していて、その被害が大きいにもかかわらず出火原因が明らかでないことが多い。

(2) 大火の出火原因

　昭和30年代頃までは、現在では考えられないような頻度及び規模で大火が発生しており、その中で注目される点の一つが、「出火原因不明の火災」が多いことである。次章に示す気象災害の大火の一覧（参照：表4-1、p110）には、「出火原因不明」となった大火も多く、以下に代表的な3事例を記す。3事例とも、その出火に関する記録が報告書等に残されているが、結果として出火原因不明であり、迷宮入りした感がある。

(a) 新潟市大火（1955〈昭和30〉年10月1日発生）の事例（表4-1、事例　No.7）
　台風接近時、新潟市大火は発生した。文献「新潟市大火調査報告」（注3-7）よ

り抜粋する。先ず、大火発生時の状況は次の通り。

> 　台風22号が（中略）日本海に抜け出て、佐渡が島沖に近づきつつあったとき、突如として深夜の新潟市における公共建物の約443坪に余る木造建物に出火という現象が発生し、これをきっかけとして都市の繁華街を数時間で烏有に帰するという大火となった。
>
> 　なお、「烏有に帰す」とは、広辞苑に「皆無になる。特に火災で何もなくなった時にいう」とある。

出火原因は明らかにならず、同調査報告に次の通り記されている。

> 　約1ケ月後、漏電ということが決まったと新聞に発表された。だがそれがいかなる物的証拠にもとづき、また科学的判定によってなされたのか全然その大切な要点の発表はない。

（b）魚津大火（1956〈昭和31〉年9月10日発生）の事例（表4-1、事例　No.9）

魚津大火も台風接近時に起きた。『魚津大火復興50周年記念誌　魚津大火』（注3-8）の「結局、出火原因不明—悪い後味」より抜粋する。

> 　大火の原因は失火、放火、自然発火と四転、五転した。だが最後まで残ったのはOさんの納屋にあったパーマネント用薬品の自然発火説だった。これについて、TさんやKさんらは、「自然発火は決してあり得ない」とY魚津署長に強く抗議をぶつけている。だが、県警本部、魚津署とも自然発火の裏付けに原因解明の一るの望みをかけていたのだ。（中略）
>
> 　大火から一ケ月の間、警察は原因について無言の行を続けた。（中略）しかし分析を続けている、と発表して捜査に終止符を打った。

（c）酒田大火（1976〈昭和51〉年10月29日発生）の事例（表4-1、事例　No.11）

酒田大火も、気圧低下時に起きた。「はじめに」でも記した通り、この大火も出火原因不明であった。以下に消防研究所（現消防大学校消防研究センター）の『酒田市大火の延焼状況等に関する調査報告書』（注3-9）より抜粋する。先ず、気象条件は、次の通り。

> （10月29日）この日、庄内地方は、この時期としては珍しく朝から小型台風なみに発達した低気圧のため、雨まじりの強風に見舞われた。夕方になって風はさらに強くなり、（以下省略）

　色々な出火原因が考えられる中、酒田警察署及び消防署は「**電気系統の故障説**」等を重視し、調査が進められ「**配電盤などの多くの物点を科学警察研究所におくり、鑑定を依頼した**」とあるが、結果としては、次の通り記されている。

> 「**電気配線系統からの可能性は強いが、科学的に立証することは困難**」との鑑定結果が出たため捜査本部は大火から半年経過した時点で事実上の調査を打ち切った。

　1950年代の2つの大火では〝**漏電説**〟、〝**自然発火説**〟等が示され、1970年代になり、酒田大火では、消防研究所がその調査を行なうと共に、科学警察研究所によって〝**電気系統の故障説**〟等が検証されたが、結果として、3つの大火の出火原因は明らかになっていない。

　大火とは、広範囲に延焼することであり、強風・フェーン現象等が要因になっているのは間違いないのであろう。しかし、その出火原因と延焼（≒大火）原因は異なる。上記酒田大火の報告書名に〝**延焼状況等に関する**〟の用語があるように、大火が発生すると、その物証が焼けてしまい、出火原因の調査が困難になり、出火よりも延焼に関して多くの報告がなされているようである。大火の実態、特にその出火に関して次章に記す。

▼3. 2　火災の調査と予防

　消防法では、「火災の原因」と言う用語が用いられているが、本書では「出火原因」と「延焼原因」に分けて考え、特にこだわらない限り「出火原因」を意味しているとし、「火災の調査」も「火災の予防」も、主に出火に対するととらえ、出火調査及び出火予防への取り組み方を消防法より確認する。

(1) 消防法による火災の調査

　火災の調査は消防法で定められている。その内容を消防法の条文から引用し確

認する。先ず、「第七章　火災の調査」である。

> 第七章　火災の調査
> 　第三十一条　消防長又は消防署長は、消火活動をなすとともに火災の原因並
> 　　びに火災及び消火のために受けた損害の調査に着手しなければならない。
> 　第三十二条　消防長又は消防署長は、前条の規定により調査をするため必
> 　　要があるときは、関係のある者に対して質問し、（中略）ことができる。

　上記の通り、調査のために〝関係のある者に対して質問〟できるとなっており、条文では、人為的な原因による出火を主な対象とし、そのための調査となっている。

　ただし、出火原因は多様であり、図3-1にも記してあるように、次の4つのカテゴリーに大別されており、必ずしも「人為的な火災」だけを対象としている訳ではなく、「自然火災」も対象としている。

　①故意による火災、②過失による火災、③不慮の火災、④自然火災

　実際、「火災報告取扱要領ハンドブック」（前掲）に「発火源の分類」があり、大分類の中の一つに「天災（自然火災）」があるが、その中の中分類及び小分類には、自然現象である地下ガス噴気はない。そのため、地下ガスによる火災があっても、「天災（自然火災）」にはならず、各消防機関等の判断で、「不明」或いは「その他」に分類されることになる。

　近年、複雑な火災が頻発する傾向にあり、火災の調査にあたっては、その原因究明には高度な専門的知識が必要になるとされており、各消防署による調査だけでは対応が困難な場合、どのように対応するのか。その考え方が、「消防白書」（前掲）の「第1章　災害の現状と課題」、「火災原因調査の現況」に、「（消防法の規定により）消防機関から要請があった場合及び消防長官が特に必要であると認めた場合は、消防庁長官による火災原因調査を行うことができるとされている」と記され、消防に関する研究機関等が技術支援を行うことになっている。

　消防庁長官による火災原因調査が、2016（平成28）年4月、熊本地震で発生した火災に対して行われ、その概要が、平成28年版の『消防白書』の「特集1 熊本地震の被害と対応」に、次の通り記された。

消防研究センター（元消防研究所）では、（中略）安全管理上の技術支援を行った。

また、発生した火災のうち、熊本市及び益城町における火災の発生状況の調査を行うとともに、八代地区（八代市）の石油コンビナートにおいて現地調査を行った。危険物施設に大きな異常は認められなかったものの、用地区内の道路に小規模な液状化の痕が認められた。

熊本地震では、多くの市町村が大きな被害を受け、この地震全体で死者も多く（約270人、関連死含む）、また、火災・「液状化」等の事故が数多く発生した。震源より南西約30kmの八代市（震度6弱）でも、火災が2件発生し、その内の1件は死者が1名でた「出火原因不明の住宅火災」であり、さらに、その近くの八代海（別名：不知火海）に面した旧干拓地で、上記の通り「液状化」現象が発生していた。

火災及び「液状化」の検証は個別に行われたのであろうか。「出火原因不明の住宅火災」と「液状化」が、地下ガス噴気が発生しやすい旧干拓地で発生していたが、〝消防庁長官による火災原因調査〟においても、〝液状化の痕が認められた〟と報告されるだけで、地下ガス噴気との関連性から火災及び「液状化」が検証されることはなかった。

（2）消防法による火災の予防

出火原因を明らかにするとともに、重要なことは、火災を予防し未然に防ぐことであり、火災予防も消防法で定められている。その内容を、消防法の条文から引用し、「消防法による火災の調査」同様確認する。条文「第二章　火災の予防」は次の通り。

第二章　火災の予防
第三条　消防長（中略）は、屋外において火災の予防に危険であると認める行為者又は火災の予防に危険であると認める物件若しくは消火、避難その他の消防の活動に支障になると認める物件の所有者、管理者若しくは占有者で権原（権原：「ある行為を正当化する法律上の原因。他人の土地を使用す

るための地上権・借地権の類」広辞苑より）を有する者に対して、次に掲げる必要な措置をとるべきことを命ずることができる。

　　一　火遊び、喫煙、たき火、火を使用する設備若しくは器具（中略）

　　二　残火、取灰又は火粉の始末

　　三　危険物又は放置され、若しくはみだりに存置された燃焼のおそれのある物件の除去その他の処理　（以下省略）

　〝所有者、管理者若しくは占有者で権原を有する者〟、等に対しての予防であって、自然に発生する「地下ガス噴気」等の自然現象に対する予防に関しては記されていない。また、火災予防のためには〝必要な措置をとるべきこと〟とされる〝危険物〟は、消防法では限定的であり、地下ガス噴気は危険物の対象となっていない。消防機関が対象としない危険物は、経済産業省の対象であるが、『知らぬと危ないガスの話』（注3-10）に次の記載があり、消防機関同様、地下ガス噴気は危険物の対象となっていない。

　　私ども庶民としては、何か災害が起きたり、起きそうになったとき、まず消防署を頼りにしたいのですが、高圧ガスの保安、ガス漏れなどは消防署の管轄ではありません。ガス事故には、火災や人身事故を伴うのが通例ですが、爆発した後の消火、救急、危険物（消防法別表に示すもの）の処置は消防署（自治省〈現総務省〉）の管轄ですが、その災害の原因となったガス漏れや、また日常の高圧ガスの保安は、通産省（現経済産業省）の管轄になっています。

　予防とは、広辞苑では「悪い事態がおこらないように前もってそれをふせぐこと」であるが、「地下ガスによる火災（悪い事態）がおこらないように前もってそれを防ぐこと」が必要であると理解されていないため、消防法を含め、地下ガスによる火災を予防しようとする考えはないに等しい。予防できるシステムづくりのためには、先ず、地下ガス噴気と科学技術及び火災との関わりを理解する必要がある。

▼3．3　地下ガス噴気と科学技術及び火災

(1) 地下ガス噴気と科学技術

　科学技術が多岐に渡る分野に分かれている中にあって、地下ガス噴気と各分野との関わりを確認する。なお、各分野の名称は、序章で示した「日本十進分類法」に従うこととし、その分類番号を付記する。

(a) 地球科学・地学（450）

　自然科学（400）分野の中で、地球全体の科学として「地学」があり、『新版地学事典』（前掲）で、その「地学」は次のように定義されている。

> 　<u>地球科学</u>とほぼ同義的に使われる（中略）地層・岩石・鉱物・化石といった地下に関するものに加えて、気象学・海洋学・天文学の分野も含めており、自然をより広い立場でとらえようとするものである。

　そして、ほぼ同義的に使われる〝<u>地球科学</u>〟は次のように定義されている。

> 　地球の表層部から地球内部までを含めた地球全体を研究の対象とした総合自然科学。現在の地球の構造や運動を解明するだけでなく、地球の生成から現在までの歴史の解明を目的とする。（中略）<u>大気や海水は、地球表層部との相互作用がある</u>だけでなく、地球の歴史のなかで形成されてきた地球の一部であるので、広い意味で地球科学の分野と考えられる。（以下省略）

　地球全体を研究対象とする地学・地球科学の分野の中で、〝<u>大気や海水は、地球表層部との相互関係がある</u>〟と位置付けられながらも、その〝<u>相互関係</u>〟の一つである地下ガス噴気は、これまでほとんど対象となっていなかった。しかし、近年「**(d) 地球システム科学**」の項に示す通り、「自然の地質学的起源のメタン放出」、つまり、地下ガス噴気が「地球システム科学」の研究対象となっている。ただし、(d) の項に記す通り、まだ、その研究は緒についたばかりである。

(b) 気象学（451）等

　地球科学の分野で地上の大気等を研究対象としている「気象学」は、『科学大辞典』（注3-11）で、次のように定義されている。

> 　大気中で起こる種々の現象を観測し解析してその実態を把握し、理論的にその機構を究明する基礎気象学とそれらの知識を他の分野に活用する応用気象学に大別される。（以下省略）

　〝**大気**〟とは「地球を取り巻いている気体の総称（広辞苑より）」であり、気象学では、地下ガス噴気は対象でない。また、地球科学の分野で地下を研究対象としている地質学（455）、岩石学（458）等の分野でも、地下ガスそのものは対象でも、その噴気は対象でない。

(c) 技術（500）・産業（600）分野（鉱山工学（560）等を含む）

　資源の活用・開発に関わる鉱山工学では、地下ガス貯留を天然ガス資源として、その対象としているが、その天然ガスは帽岩に覆われており、容易には地上に噴気することはないとの考え方がベースにあり、その活用・開発が対象であって、その噴気は対象でない。ただし、地下ガス噴気による事故として、炭鉱の坑内への「ガス突出」による爆発事故等があり、坑内等の閉鎖された空間への地下ガス噴気は対象であるが、地表への地下ガス噴気はほとんど対象となっていない（坑内の地下ガス噴気に関しては、「参考 4-5　低気圧通過時の事故事例と対策」で後述する）。

　そして、火災・防災等に関わる土木工学（510）・建築学（520）等の分野でも、地下ガス噴気は対象でない。

　産業分野の一つである林業（650）では、気象・山林火災等は対象であり、その出火原因等課題であるが、他の分野と同じように、地下ガス噴気は対象となっていない。森林火災は毎年多発し、出火原因不明も多く、かつ、世界では大規模山林火災が起きている。その報道の中には、前線通過時に山林火災が拡大した等のコメントがあるが、気圧低下に関して触れられていない。地下ガスによる火災の発想が必要である。

(d) 地球システム科学（気候変化、気候変動（451.85））

　近年、地球温暖化・エネルギー等の課題があり、大気や水の循環・地殻の変動・生態系の変遷等の全体を、地球システムとして把握しようとする「地球システム科学」の分野が生まれ、調査・研究が進められるようになっている。

大気中の二酸化炭素の増加が、地球温暖化の原因であると考えられ、地球上の炭素循環の調査・研究が進められる中、二酸化炭素と同じように大気中のメタンガスの増加も温暖化の一つの原因であるとされ、課題として取り上げられるようになっている。特に最近、人間による化石燃料の採取・燃焼以外に、自然に地下からメタンガスが漏出していると考えられるようになり、2014 年の IPCC（気候変動に関する政府間パネル）の『第 5 次評価報告書』（注 3-12）でも、地下ガス（メタンガス）噴気が取り上げられ、以下の通り報告されている。

> 　大気を測定した結果、メタン濃度は 1990 年代後半以降ほぼ 10 年間安定していた後、2007 年以降新たな増加を見せている。（中略）人為起源の排出は、総排出量の 50 ～ 65％を占める。以前の収支には算入されていなかった<u>自然の地質学的起源のメタン放出</u>を含めることで、（以下省略）

　その報告書には、「メタンガス循環図」（参照：図3-4）が示され、上記の〝<u>自</u>

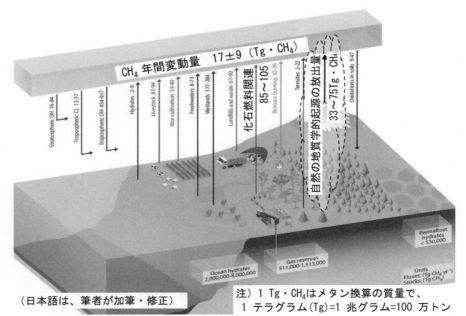

（日本語は、筆者が加筆・修正）

注）1 Tg・CH₄はメタン換算の質量で、
　　1 テラグラム(Tg)=1 兆グラム=100 万トン

図3-4　メタンガス循環図 （IPCCの第5次評価報告書より）

然の地質学的起源のメタン放出〟が明記されている。このメタン循環図によれ
ば、自然の地質学的起源のメタン放出量は、33 〜 75Tg・CH$_4$/y（参照：図
2-4、平均 $5.4×10^{13}$g・CH$_4$/y）である。化石燃料関連による発生量 85 〜 105Tg・
CH$_4$/y よりは少ないものの、全体としては無視できない量であることが示され
ており、この分野では、〝**メタン放出**〟、つまり、地下ガス噴気は研究対象になっ
ている。ただし、地下ガス噴気が、地球温暖化に影響するとの視点からの研究で
あり、自然災害の一つである火災を発生させているとの視点からの検証ではない。
なお、この単位 Tg・CH$_4$ は、前章で記した単位 g・C 同様、地球の炭素循環等
を質量で表わすときに、この分野で使用される「テラ（兆）グラム・メタン換算
質量」である。

　実際に、メタンガス濃度変化は、気象庁の 3 ケ所の観測所（岩手県大船渡市綾里、
東京都小笠原村南鳥島及び沖縄県八重山郡与那国町）で観測され、そのデータが『環
境年表』（注 3-13）の「地球温暖化」に載っている。その変化図が「図 3-5　メ
タンガス濃度変化図」であり、2007 年以降、毎年約 0.43％上昇している。

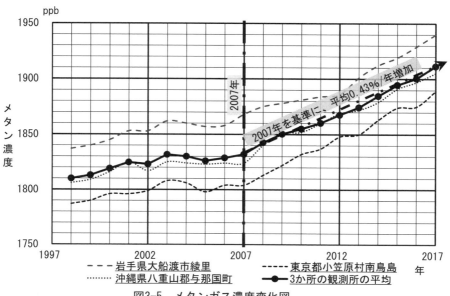

図3-5　メタンガス濃度変化図

(2) 地下ガス噴気と災害及び火災

(a) 災害の分類

　火災は「**火の災害（広辞苑より）**」との意味がある通り、災害の一つである。火災を含めた多様な災害を、合理的に分類することは困難とされており、多くの国が独自の分類を使用しているのが現状である。日本でも、色々な分類がある中で、『世界と日本の激甚災害事典』（注3-14）では、以下のように7つに分類しており、本書においても、基本的に、以下の用語を用いその分類に従う。

> 　災害タイプを自然的災害（＝自然災害）と人為的災害に大別し、さらに前者を1.気象災害、2.雪氷災害、3.土砂災害、4.風害、5.地震災害、6.火山災害、後者を、7.人為災害に　7分類した。

　ただし一つの災害がこの分類ですべて分けられるわけでなく、複数の災害分類に跨っている場合がある。特に、火災は一般的には人為災害の場合が多いが、自然災害による火災もあり単純ではない。本書では「地下ガスによる火災」を、自然災害の一つである「気象災害」ととらえ、「人為災害」である火災は対象としない。

(b) 気象災害としての火災

　気象災害は多様であり、その件数も多い。『地球惑星科学14　社会地球科学』（注3-15）に、他の自然災害に比べ発生件数が多いこと等が、次のように紹介されている。

> 　自然災害の中で、災害の発生件数としては気象によるものが最も多い。1967〜1991年に発生した世界の自然災害のうちで、気象が直接的に原因となったものだけでも60%を越え、気象が間接的に関係した災害も加えると85%にも達している。この25年間において、気象が直接的な原因となった災害での死者は260万人、被災者は27億人と非常に多い。

　また、多様な気象災害が『地球科学入門』（注3-16）の「大気のいろいろな現象の時空間スケール」に図示されており、短時間から長期間、また、狭い範囲から広範囲で発生する災害があることが分かる。ただし、この図には、超短期かつ超限定的な範囲で発生する地下ガス噴気や、広域で発生する同時多発火災等は

載っていない。それらの現象等を書き加えた図が、「図3-6　気象災害の時間・空間スケールと地下ガス噴気の関係図」である。

　多様な気象災害は、各々が独立して発生し、時間・空間スケールが大きく異なるが、地下ガスによる火災・低気圧通過時の同時多発火災、さらに火山噴火は、地下ガスが関係していて、地表と地下の圧力差が大きくなることにより発生している。特に火山噴火は、地下に大きな圧力が生じることによって発生している。この３つの内、火山噴火は地下ガスによる火山災害である。また、地下ガスによる火災と低気圧通過時の同時多発火災は、気象災害であると共に、地下水中のガスの溶存状態等がその発生に大きく関わっているため、火山災害の発生条件に類似しており、複数要因による自然災害ととらえることもできる。

参考　３−２　火山噴火と液化流動による災害

　日本は世界有数の火山国であり、私たちは火山とともに暮らしていて、時々、火山噴火が発生し、大量の火山灰等によって被害が生じる。2014年長野県御嶽山の噴火はその一例であり、火山噴火による被害は、ほとんどの人に理解されている。

　地下ガス噴気によって、火山噴火時、火山灰等が発生し、また、液化流動時、噴砂等が発生する。地下ガス噴気だけであれば、２つの災害とも、その被害はある程度限定的であるが、地下ガス噴気量が多いと、火山灰等、及び噴砂等が多くなり、被害が甚大化する。

　２つの災害は、類似の災害であっても、私たちのこれまでの取り組みは全く違っていた。火山噴火は、古くから調査・研究がなされ、現在では火山噴火に対してハザードマップが作られ、その成果が広く周知され、私たちは火山とともに共生している。一方、液化流動時の地下ガス噴気は、調査・研究の対象として扱われることは少なく、ほぼ無対策であり、災害が起きても、原因不明として扱われている。火災の原因となる地下ガス噴気も、同様であり、特に、新たに開発された都市部において、その傾向が強いと思われる。

　しかし、地下ガス噴気は、暮らしの中で完全に無視されている訳ではない。ガス田が多くある新潟県には、地下ガス噴気が理解され、共生している地区（参照：「参考５−２　新潟県十日町市周辺での地下ガス貯留と課題」）があり、そ

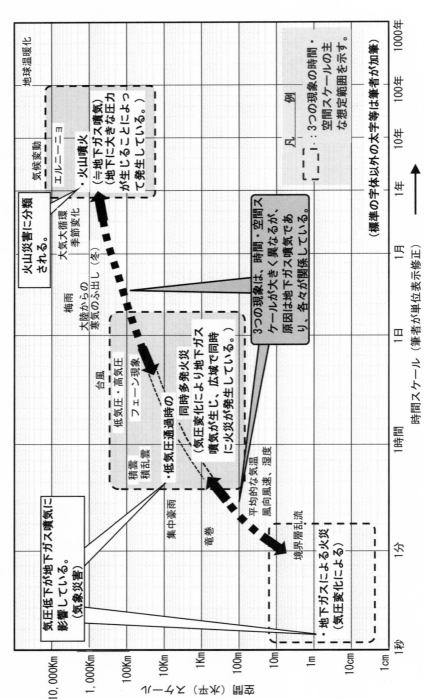

図 3-6　気象災害の時間・空間スケールと地下ガス噴気の関係図

のような地区は、新潟県に限らず、各地に少なからずある。それらの地区の生活様式の中には、参考とすべき対策があり、今も続けられている。

　これまで、工事現場等での地下ガス噴気によるトラブル発生時、ガス調査或いはガス採取の専門家等の協力を得て、対策の立案・実施ができたように、「地下ガスによる火災」に関連する各分野には専門家がおり、その専門家の協力を得て、ガス爆発防止のための対策（点検調査）を行う態勢が整えられている地域もある。

　「地下ガスによる火災」が起きると理解し、火災・爆発防止のための態勢を整えることにより、地下ガス貯留のある都市部でも、地下ガス噴気と共生することが可能になるのであろう。

　日本には特有の四季があり、その四季ごとに発生する気象災害があるとして、気象災害事例が四季に分類されることがある。ただし、そのような分類方法では、四季に発生することが理解できるだけで、災害の発生原因となる気象要素を明確にすることができないため、適確な対策が検討できない。ここでは、『理科年表』（注 3-17）に掲載されている「日本のおもな気象災害」を事例として、その災害発生の気象要素を明らかにして、適確な対策を立案することを目的に、それらの災害を分類する。

　分類に当たっては、「理科年表」に記された 4 つの項目「年月日」「種目」「被害地域」及び「おもな被害」等の内容から、各事例を災害種類別に分類し、その気象要素を明らかにした。その結果が、「表 3-2　気象災害の分類と実態のまとめ」である。なお、このまとめに当たって、主な条件等は同表の下に記す通りとした。

　この年表に記された 368 件の事例の掲載基準は明らかでなく、正確な災害傾向を把握することは出来ないと考えるが、約 90 年間の数多い事例であり、気象災害全体の傾向を知ることができる。その傾向の概要・分析結果は、以下の通りである。

≪傾向の概要≫

①「雨害」の件数が圧倒的に多く、次に「雪害」「風害」等が多い。

表3-2　気象災害の分類と実態のまとめ

	災害種類	件数	比率	要素	理科年表記載の種目	理科年表記載のおもな被害
1	雨害	247	67.1%	降水量・雲量	台風、大雨、豪雨、熱低	浸水、死者、不明者、船舶
2	雪害	31	8.4%	降雪量・雲量	大雪、雪崩、雪害	死者、不明者、農水林、浸水
3	風害	31	8.4%	風速	強風、乱気流、突風、竜巻	死者、不明者、船舶、航空機
4	冷害	16	4.3%	気温	冷害、凍霜害、低温	作況低下、減収、農水林被害
5	**火災**	**12**	**3.3%**	**気圧**	**大火、火災、山林火災**	**焼失、死者、負傷者、住家**
6	干害	10	2.7%	気温・湿度	干害	農水林、収穫減、死者、負傷者
7	酷暑	6	1.6%	気温	酷暑	死者、負傷者、農水林
8	土砂災害	4	1.1%	降水量	地すべり、山崩れ、土石流害	死者、不明者、浸水、住家
9	雷害	3	0.8%	雷雨	雷雨、ひょう雷	死者、負傷者、浸水、住家
10	その他	8	2.2%	霧・気圧	濃霧、高波、赤潮害、視程不良	―
	計	368	100.0%			

本分類の主な条件	1、事例は、1927年9月から2016年9月まで、約90年間の全368事例。
	2、気象災害の種類は、「雨害」「雪害」「風害」「冷害」「火災」「干害」「酷暑」「土砂災害」「雷害」「その他」の10種類とする。
	3、気象要素は、「気圧」「気温」「湿度」「風速（風向を含む）」「雲量（雲形を含む）」「降水量」「雷雨」「霧」及び「降雪量」の9種類とする。（「最新気象の事典」（注3-18）を参考にする。）
	4、各事例に複数種の被害があるが、代表的な被害から気象災害の種類を判断する。
	5、ただし、火災に関連している事例は、その代表的な被害が火災よると判断できるか否かにかかわらず、すべて「火災」とする。また、その出火時の状況等から判断し、「気圧」を気象要素とする。

②「雷害」は多くなく（3例）、その比率は1%以下。火災の「発火源の分類」の中分類に雷はあっても、雷による大きな火災は近年起きていない。

≪分析結果≫

　毎年起きている火災の多くは人為災害であるが、気象災害による火災もあり、「理科年表」には12例掲載されている。その原因となる気象要素は「理科年表」には示されていないが、各々の火災をその記録等から検証すると、気象要素は気圧であり、「地下ガスによる火災」の可能性がある（参照：「表4-1　理科年表に気象災害として記された大火事例」）。

(c) 地下ガス噴気と自然災害としての火災

　自然災害の防止・低減のためには、災害発生のメカニズムなどの検証が必要である。気象及び地震災害である火災現象は単純でなく、火災のメカニズムを検証するために、先ず、発生時の出火と発生後の延焼に分け、その実態を明らかにしなければならないと考える。その考えに基づき、気象災害である12例の火災の誘因・素因を整理し、合わせて地震災害である火災も同様に整理し、「表3-3　出火及び延焼の分類と誘因・素因」にまとめた。この表の備考欄に「既知の内

表3-3　出火及び延焼の分類と誘因・素因

	災害分類		現象と番号	火災発生及び延焼拡大の誘因	同　素因	備考
出火原因	人為災害		火災発生 —	（過失・不慮の事象）	—	（本書対象外）
			—	（故意の事象）	—	
	自然災害	気象災害	—	雷による高熱発生	燃焼物	既知の内容
			❶	気圧低下による地下ガス噴気	発火源と燃焼物	新たな考え（地下ガスによる火災）
		地震災害	—	地震動による建物倒壊	発火源と燃焼物	既知の内容
			❷	液化流動による地下ガス噴気	発火源と燃焼物	既知（前著で示す、周知されていない）
注) 近年、津波火災と称されている火災の誘因・素因も、地震火災と同じである。						
延焼原因	人為災害		延焼拡大 —	（不慮の事象）	—	（本書対象外）
	自然災害	気象災害	—	強風、フェーン現象による火の粉発生	火の粉着床と燃焼物	既知の内容
			—	（火災旋風）	（燃焼物）	既知（課題あり）
			❸-1	気圧低下による地下ガス噴気	発火源と燃焼物	新たな考え（地下ガスによる火災）
			❸-2	気圧低下による地下ガス噴気	火の粉飛来と燃焼物	
		地震災害	❹	液化流動による地下ガス噴気	火の粉飛来と燃焼物	既知（前著で示す、周知されていない）

容」と「新たな考え」とを分けて示しており、以下、「新たな考え」の説明を加える。●数字は、表3-3に記す番号である。

①出火原因

　気象災害としての火災は、雷以外でも発生しており、気圧低下による地下ガス噴気を誘因とし、電気機器等の発火源及び燃焼物（家屋等）が素因となって発生する（同表の❶）。

②延焼（延焼：「火事が燃えひろがること」広辞苑より）原因

　気圧低下による地下ガス噴気で起きる延焼は２つに分けられる。一つは上記出火原因と同じであり、気圧低下による地下ガス噴気を誘因とし、電気機器等の発火源と燃焼物（家屋等）が素因となって延焼する（同表の❸-1）。もう一つは、発火源が電気機器等でなく、火の粉である。つまり、気圧低下による地下ガス噴気を誘因とし、その箇所への火の粉飛来（発火源）と燃焼物（家屋等）が素因となって延焼する（同表の❸-2）。この場合、小さな火の粉であっても地下ガス噴気に引火し、容易に延焼が広がりやすい。

　大火時、稀に、火災が四方八方に延焼することがあるが、風上側に拡がる延焼では、発火源は火の粉でなく、電気機器等である。このような燃えひろがり（同表の❸-1）は、延焼ではあるが、別の火災（同表の❶）と考えることもできる。

なお、前著で地震火災は、地震時の液化流動に伴って発生すると記したが、誘因が液化流動による地下ガス噴気で、素因がその箇所の発火源及び燃焼物（家屋等）である（同表の❷）。また、このケースで発火源が電気機器等でなくても、火の粉飛来（発火源）により延焼することがある（同表の❹）。ただし、これらの考えはまだ周知されていない。

　さらに、津波火災は、津波によって生じているように見えるだけであり、基本は地震火災と同じ場合が多いと考える。地震時の液化流動による地下ガス噴気を誘因とし、その箇所の発火源及び燃焼物（家屋等の漂流物）が素因で、火災が発生する（同表の❷）。つまり、津波そのものは出火原因に直接関与していない場合が多いと考える。津波火災に関しては「参考　5-4　『地下ガスによる火災』の特異性と証言」に追記する。

　気象学の定義に〝<u>大気中で起こる種々の現象を観測し解析してその実態を把握し……</u>〟と記されているように、「地下ガスによる火災」は、色々な気象要素の一つ気圧によっていて、その気圧を観測し解析することにより、その火災の実態を把握することができる。既に記した「糸魚川大火等が発生した時の気圧データ」は、その観測例であり、「地下ガスによる火災」の実態を把握するためには、気圧解析は不可欠である。

　気圧低下によって災害が起きるとの発想はこれまでにもあった。『災害論』（1964年発行）（注3-19）では、「発生原因を指標とする分類」の中で、気象災害の一つとして「気圧降下（低下）による災害」を挙げ、具体的な災害として、炭鉱爆発が記され、気圧低下時、炭鉱坑内に地下ガス噴気が生じることは理解されていた。しかし、大火・山火事（山林火災）は、「気圧降下による災害」には分類されず、「風による災害」に分類された。確かに、「風」は大火等の延焼原因であるが、出火原因ではない。気圧低下時、炭鉱坑内に地下ガス噴気が生じ、事故が起きるように、地下ガス貯留がある地域では、条件がそろえば、地下ガス噴気が生じて出火し、その後、大火・山林火災になることが見落とされてしまった。地下ガス噴気が見落とされた火災の実態を次章に記す。

第四章

地下ガスによる火災の実態

　古くから特異火災が発生しており、その特異火災だけでなく糸魚川大火を含む多くの火災の出火原因には、複雑な要素が絡んでいる。「気圧」もその一つの要素であり、見落とされていた「気圧低下」によって生じる「地下ガスによる火災」の実態を記す。

▼4．1　火災

（1）火災の記録

　日本には古代から数多くの災害があり、その記録をまとめた一つが『日本災異志』（注4-1）である。この書には、「日本書紀」を始めとする213種の史料に書かれた災害記録に基づき、皇紀568年（西暦　マイナス92年、皇紀は日本の紀元で、皇紀元年が西暦では紀元前660年）の疫癘（疫癘：「**疫病。流行病。伝染病**」広辞苑より、以下〝疫病〟と記す）から1885（明治18）年の火災等までの約5,000件の災害が載っている。災害は13種に分類され、火災はその中の一つで、件数は最も多くあり、1,488件ある。火災は、古くから私たちの生活に密着した災害であり、明治以降も今日に至るまで、多様な火災が起きており、その記録がある。

　江戸時代以前の火災の記録には、原因等ほとんど記されていないが、江戸時代以降、江戸で大火が頻発し、その原因を含め、その時の状況が記録されている。また、明治以降は、多くの地方都市の市史等に、大火の概要がまとめられており、既に前章までに記した糸魚川市の過去の大火事例は、その引用の一部である。

　史料だけでなく、遺跡にも火災跡が残っており、先史時代から現代まで日本だけでなく世界中に、長い火災の歴史がある。その歴史は、不可解な現象を伴った特異火災の記録でもある。

　13種の災害の一つである疫病は、275件の記録がある。江戸時代以降の記録

には、その当時の状況が記されており、全国の広い地域に急速に拡大し大勢の人が亡くなっていたことを知ることができるが、他の災害と同じように、江戸時代以前に発生した数多くの疫病の実態は明らかでない。歴史に学ぶことは大切であり、史料から学べることは沢山あるが、重要なことは、史料に基づく新たな解明であると考える。

> **参考　4−1　火を操る技術と特異火災**
>
> 　序章でも記したように、火は人類が手にした偉大な発明であり、『火の科学　エネルギー・神・鉄から錬金術まで』（注4-2）の「火の使用と文明化」の中に、火を操る技術について、次の通り記されている。
>
> > 　79万年前のイスラエルの遺跡で火を使用した跡が発見されて（中略）火を使用した痕跡が高い頻度で見つかるようになる。（中略）このように、原人、旧人は**40万年前までに火を操る技術を確立**し、広範囲に拡散して**各地の自然環境に適応**していった。（以下省略）
>
> 　火を使用し始めた当初は、その取扱いが分からず、多くの人為的な火災が起きたと考えられるが、〝**40万年前までに火を操る技術を確立**〟したと記されている。しかし、必ずしも、〝**各地の自然環境に適応**〟していた訳でない。科学技術が進歩し、火災を含め多様な災害等を克服してきたが、火を操る技術を得た時から今日まで、「地下ガスによる火災」は特異火災であり、〝**火を操る技術**〟には、自然法則の一つ地下ガス噴気が課題として残されている（参照：「図0-1　地球の歴史」）。

（2）大火の事例と条件

　特異火災では、不可解な現象が顕著に現れ、大火となる。それら大火の事例には、不可解な現象が数多くあり、史料等から検証する。大火の定義は、消防体制が整ってきた昭和以降も、定まっておらず、関連文献等に示された大火事例は、必ずしも一致している訳ではない。ここでは、前章で取り上げた「理科年表」（前掲）の「日本のおもな気象災害（昭和以降）」中に記された「1934年の最大惨事となった函館大火」から「1983年の東北地方の山林火災」までの12事例を

主な大火とし、「表 4-1 理科年表に気象災害として記された大火事例」を示す。

　さらに、これら 12 事例以外に、特異火災 7 事例を、同様にまとめ「表 4-2 気象災害に関連するその他の特異火災事例」に記す。これらの出火原因は、その 2 つの表に記すように、不明、或いは当時、調査結果はあるものの、必ずしも断定されず推定等になっている場合が多い。

　出火には、その時の気圧低下が影響しており、これら 2 つの表には、出火前（約 5 日間）から出火までの気圧変化と出火影響判定（A,B,C,D に分類）を記してある。その影響判定方法は、便宜的に　表 4-2 の下に示す通りとした。これら火災発生時、気圧低下が顕著な場合（出火影響判定　A）が少なくなく、それらの都市には、「図 4-1　主な大火等発生位置とガス鉱床位置図」に示すように、ガス鉱床（ガス田）がある。

　なお、ガス田とは、広辞苑によれば、「**天然ガスを産出する地域。または天然ガス鉱床のある地域**」であり、本書においては、引用文を除いて、ガス鉱床でなくガス田を用いる。

参考　4－2　函館大火等の検証（表 4-1、事例　No.1）

> 　函館市は、過去においてしばしば火災の厄に遭遇し、市民は全く筆舌に尽くされぬ苦難をなめたのであるが、（以下省略）

　この文章は、1937（昭和 12）年発行の『函館大火災害誌』（注 4-3）の「第二節　火災に関する沿革、一　大火災記録」の冒頭文である。この後に、1806（文化 3）年から 1921（大正 10）年までの 18 事例が記され、その頃、函館は「大火の名産地」とも言われていたが、同書、同節の、「三　消防施設と大火災の克服」に、次の通り記されている。

> 　昭和時代はいわゆる消防機関充実期ともいうべく、水利の拡張、人員及び機械の増加、火災報知機の設置等により、二重消防を実現して大いに成績を挙げ、（中略）函館消防は、設備において、その訓練技術において、名誉とみに揚り、昭和 6（1931）年には<u>大日本消防協会の第一号表彰旗を授けられる光栄を担った</u>のであった。

表4-1 理科年表に気象災害として記録された大火事例（昭和以降の災害）

火災概要（理科年表の記載）
（収録基準：火災は住家1,000戸以上、山林火災は記載なし）

No	年月日	種目	主な被害地域	おもな被害	原因	過去の大火記録等	気象条件	飛び火・特異火災等の記録	延焼規模 ha	出火前平均気圧(A)	出火時頃最低気圧(B)	差(A)−(B)	判定	備考
1	1934, 3/21	大火	函館市	死者2,015（函館大火）	残火	函館市は大火が多く、大火の名産地	北海道を低気圧通過 最低 926.7hPa	旋風火柱の高さ、200m以上	416.3ha	1007	978	29	A	
2	1940, 1/15	大火	静岡市	焼失5,121軒（静岡大火）	飛石説（煙突の火の粉）	古来より大火の記録、16件	本州中央を1000hPa程度の低気圧が通過	連続大の火炎、飛び火の影響が大	58ha	1022	1010	12	B	
3	1947, 4/20	大火	長野県飯田市	焼失3,984軒（飯田大火）	飛石説（煙突の火の粉）	飯田市は昔から大火が多い	太平洋上と日本海に1000hPa程度の低気圧	風速が速く、他町内に飛び火	75ha	962	952	10	B	現地標高での気圧補正
4	1949, 2/20	大火	秋田県能代市	死者3（能代大火）	出火原因の記載なし。	1956/3大火、1,000軒以上焼失	西高東低の天気図で風速13m/sの強風	風はあったが、気圧は低下なし	21ha	1012	1012	0	D	
5	1952, 4/17	大火	鳥取市	死者2（鳥取大火）	機関車の飛火説	火事と云えば国分寺と言われる（鳥取市）	日本海を994hPaの低気圧が通過	16ヶ所に飛び火	160ha	1017	1007	10	C	
6	1954.9/25~27	洞爺丸・台風	全国	死者・不明多数（洞爺丸沈没）	不明（残火不始末説）	明治から当時まで3回の大火あり	日本海を洞爺丸台風通過（北海道959.2hPa）	燃差しが2km風下に飛ぶ	107ha	1002	964	38	A	
7	1955.9/29~10/1	台風・大火	全国	死者54（新潟大火）	漏電説（問題が残る?）	戦後から十数年間で大火、8回	日本海を台風22号（980hPa）通過	風下に最大1kmに飛び火	11.5ha	1018	1005	13	B	
8	1956, 8/16~19	台風・火災	全国	死者33（大館大火）	タバコの吸い殻説	戦後4回の大火の汚名	日本海を985hPaの低気圧が通過	飛び火はなかったようである	15.6ha	1008	993	14	B	
9	1956, 9/7~10	台風・大火	沖縄~中部	死者41（魚津大火）	不明	江戸時代、魚津には、よくく大火あり	日本海を950hPaの低気圧が通過	500mの飛び火で火災拡大	46ha	1011	999	12	B	
10	1961, 5/28~29	台風・大火	東北~北海道	死者14（三陸大火）	原因不明が多い	岩手県は北海道に次ぐ山火事県	日本海を980hPaの低気圧が通過	十数件の山火事、飛び火多い	17,000ha 山火事	1012	986	26	A	
11	1976.10/28~30	強風・大火	北陸~東北	死者・不明2（酒田大火）	不明	風の凄む町大火多数あり	日本海を986hPaの低気圧が通過	雨、あられの中、飛火延焼	22.5ha	1013	993	20	A	
12	1983, 4/24~28	山林火災	東北	山林焼失8,685ha（東北山林火災）	原因不明、調査中	1961年の山火事等、数多く発生	日本海北部を980hPaの低気圧が通過	21件の多発火災、600mの飛び火	合計8,600ha 山林焼失	1012 / 1013 / 1016	1004 / 1005 / 1010	8 / 8 / 6	C / C / C	久慈 / 大槌 / 内浦

理科年表記載大火

表4-2　気象災害に関連するその他の特異火災事例

No	年月日	種目	主な被害地域	おもな被害	原因	過去の大火記録等	気象条件	飛び火・特異火災等の記録	延焼規模 ha	出火前平均気圧(A)	出火時頃最低気圧(B)	差(A)-(B)	判定	備考
13	1923, 9/1	(地震火災)	関東南部	関東大震災	独立発火136件、飛火76件、その他原因不明多数	火事は江戸の華と言われ、過去多数の原因不明の大火	地震発生後、988hPaの低気圧が通過、最大風速は21.8m/s	日本の歴史上に残る災害、死者・不明者14.2万余	焼失面積3,500ha、	1009	998	12	B	
14	1929, 3/14	(大火)	茨城県石岡市	石岡大火(注2)	原因不明	石岡は近世以来、火事の多い町	日本海を980hPaの低気圧が通過、風速15m/sの烈風	火の戒慎令中に出火、瞬く間に飛び火等で延焼。	焼失2,000棟	1009	989	20	－	気圧上昇後の出火
15	1987, 9/24	(山林)	岩手県釜石市	特徴：再燃火災	残火・地火災?（ただし、過去火災なし）	釜石市を含む三陸地方では山林火災が多い	山林火災鎮火後、2つの低気圧が再度通過、気圧が1,004hPaで、風速約25m/s	山林火災鎮火後、3ヶ所で再燃火災	焼失面積392ha（再燃火災含む）	1012（一次火災後）	1004（再燃火災時）	8	C	
16	1991, 9/28	火災	富山県小矢部	特徴：散居村火災	おがくずの残り火か?「新聞情報」	小矢部市周辺では、過去多くの大火あり	約990hPaの低気圧が日本海を通過、最大瞬間風速35.4m/s	散居村の火災で、最大飛び火1km以上	全焼29棟部分焼6棟	1017	981	36	A	
17	1995, 1/17	(地震火災)	神戸市	阪神・淡路大震災	出火件数285件、うち146件が原因不明。	地震前後の数日、大きな気圧変化はなし。「放火」及び「出火原因とする火災も多くある。	地震前後の数日		70ha 家屋焼失	地震前後の数日の気圧 1020hPa程度			D	
18	2016, 12/22	(大火)	新潟県糸魚川	糸魚川大火(注2)	公表：大型こんろの消し忘れ。	糸魚川市では、過去に多くの大火あり	日本海を988hPaの低気圧が通過、最大瞬間風速24.2m/s	強風により飛び火、約10箇所で同時多発的に延焼・拡大	4ha（全焼120棟等あり）	1027	1000	27	－	出火時1012 hPa
19	2017, 4/19	火災	千葉県印旛郡	単独火災	コンロ付近の油分の加熱と思われる?詳細未公表。	過去にも、類似の火災あり、出火原因等は未公表。	約986hPaの低気圧が日本海を通過、「春の嵐」が吹く	飛び火なし、単独の火災	1棟全焼のみ	1015	990	25	－	気圧上昇後の出火

（注1）気圧低下の影響判定
A：気圧低下が顕著で、その影響で地下ガス噴気が生じた可能性に非常に高い。（気圧低下 20hPa以上）
B：気圧低下が大きく、その影響で地下ガス噴気が生じた可能性が高い。（気圧低下 10～20hPa）
C：気圧低下は大きくないが、その影響で地下ガス噴気が生じた可能性はある。（気圧低下 10hPa以下）
D：気圧低下はほとんどなく、気圧低下による地下ガス噴気の可能性はほとんどない。
－：出火時と最低気圧時が違うため、判定せず。

（注2）
理科年表の定義では、No.14の石岡大火と、No.19の糸魚川大火は大火に分類されないが、大火と記録されることが多いので、同じように表記する。

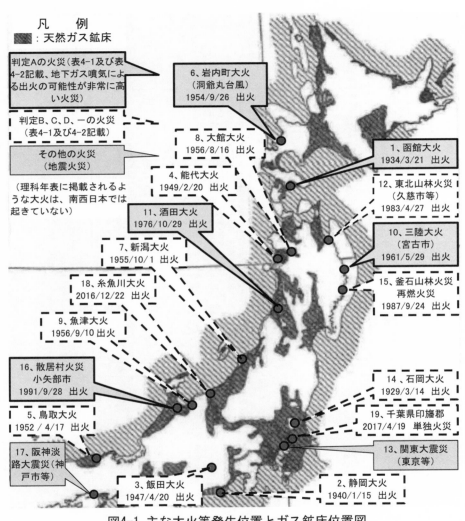

凡 例

■ : 天然ガス鉱床

判定Aの火災（表4-1及び表4-2記載、地下ガス噴気による出火の可能性が非常に高い火災）

判定B、C、D、ーの火災
（表4-1及び4-2記載）

その他の火災
（地震火災）

（理科年表に掲載されるような大火は、南西日本では起きていない）

6、岩内町大火
（洞爺丸台風）
1954/9/26 出火

8、大館大火
1956/8/16 出火

1、函館大火
1934/3/21 出火

4、能代大火
1949/2/20 出火

12、東北山林火災
（久慈市等）
1983/4/27 出火

11、酒田大火
1976/10/29 出火

7、新潟大火
1955/10/1 出火

10、三陸大火
（宮古市）
1961/5/29 出火

18、糸魚川大火
2016/12/22 出火

15、釜石山林火災
再燃火災
1987/9/24 出火

9、魚津大火
1956/9/10 出火

16、散居村火災
小矢部市
1991/9/28 出火

14 、石岡大火
1929/3/14 出火

5、鳥取大火
1952/4/17 出火

19、千葉県印旛郡
2017/4/19 単独火災

17、阪神淡路大震災（神戸市等）

13、関東大震災
（東京等）

3、飯田大火
1947/4/20 出火

2、静岡大火
1940/1/15 出火

図4-1 主な大火等発生位置とガス鉱床位置図
（「水溶性天然ガス総覧」〈天然ガス鉱業会編〉の
「日本における水溶性ガス鉱床のおよその分布範囲」による）

また、関東大震災後に、発行された『大正震災所感』（注4-4）の「災害防止の根本策」に、都市には耐火建築が必要であるが、当時多くの都市でその計画が進んでいないと記され、函館に関して、次の通り記された。

> 　耐火建築の補助に関して函館市の如きは既にこれを実行している。しばしば大火の苦い惨害をなめ函館市は<u>重要街路を防火線</u>とし、鉄筋コンクリートの建築をなさしめると共に建築費の一部を補助して居り、その本願寺でさえも鉄筋コンクリートの構造をとっている。東京は<u>この例に学べばよいのである。</u>

　つまり、大正末期には、〝<u>この例</u>（函館）<u>に学べばよい</u>〟とされ、昭和初期に、〝<u>大日本消防協会の第一号表彰旗を授けられる光栄を担った</u>〟函館市で、3年後の1934（昭和9）年、大火が発生した。その大火の概要を、『大日本消防』の「函館市の大風大火災」（注4-5）の冒頭文より引用する。

> 　函館市においては昭和9年3月21日午後4時頃より稀有の大風吹きすさみ、（中略）同市南端の住吉町に発生せる火災は、同市消防組必死の活動も功薄く各所に飛火発火して、台風旋風等に巻かれ、追われ、合一して遂に一大火流、火幕となり全市の大半を烏有に帰するに至った。罹災戸数実に23,659戸、死者約2千人、<u>関東大震災以来の大悲惨事</u>である。（以下省略）

　〝<u>関東大震災以来の大悲惨事</u>〟とあるが、平時に起きた火災であり、通常火災としては、近代文明が発展した明治以降、我が国最大の惨事であった。『函館大火災害誌』（前掲）には、それまでの大火の克服に関する努力が、次の通り記されていた。

> 　研鑽改善し、或は新設充実することに依り、比較的天然に恵まれず、不可抗的運命と思惟（思惟：「心に深く考え思うこと」広辞苑より）せられしこの地の一大災害も、もし人工的施設と、<u>工夫努力に専念</u>するならば、（中略）市民と共に、<u>合理と実力の消防を建設</u>すべく奮闘を続けて来たのである。

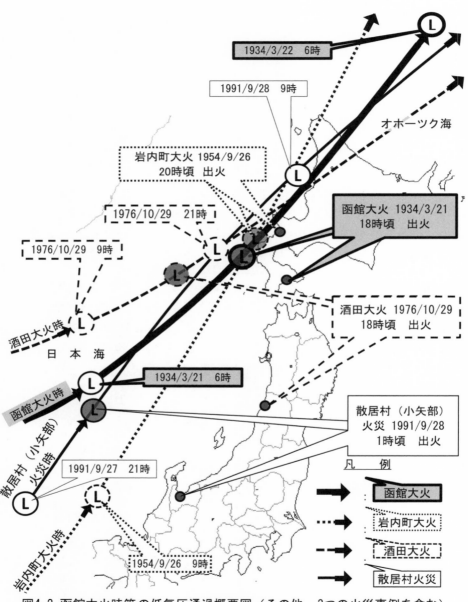

図4-2 函館大火時等の低気圧通過概要図（その他　3つの火災事例を含む）

1934/3/22　6時

1991/9/28　9時

岩内町大火 1954/9/26
20時頃　出火

1976/10/29　21時

1976/10/29　9時

函館大火 1934/3/21
18時頃　出火

オホーツク海

酒田大火 1976/10/29
18時頃　出火

酒田大火時

日　本　海

函館大火時

散居村（小矢部）
火災時

1934/3/21　6時

散居村（小矢部）
火災 1991/9/28
1時頃　出火

1991/9/27　21時

凡　例

1954/9/26　9時

岩内町大火時

■➡　：函館大火

┈➡　：岩内町大火

╌➡　：酒田大火

➡　：散居村火災

そのような〝合理と実力の消防を建設すべく奮闘〟によっても、なぜ大火が起きたか。〝重要街路を防火線〟とする等の〝工夫努力〟は、必ずしも〝合理〟に適っていなかったのである。

　函館大火に限らず、大火が発生すると自然条件から検証される。位置・地形・気象等が取り上げられているが、地盤条件の地下ガス貯留、また、気象条件の気圧にはほとんど触れられず、その検証の対象となっていない。

　函館市は、地下に天然ガスが貯留しており、天然ガス鉱業会の「水溶性天然ガス総覧」の「日本における水溶性ガス鉱床（ガス田）のおよその分布範囲」（参照：図4-1）にも示されている。

　また、低気圧通過に伴い、急激な気圧低下（函館測候所創設以来最低の約972hPaの記録で、出火1.5日前に比べ約42hPaの気圧低下）が起き、地下ガス噴気が生じやすくなっていた。大火発生時の低気圧通過状況と気圧データは「図4-2　函館大火時等の低気圧通過概要図」及び「図4-3　1934/3/21　函館大火時の気圧変化図」の通りである。なお、図4-2には、表4-1、4-2に示した火災事例の内、出火影響判定Aの3事例、No.6岩内町大火・No.11酒田大火・No.16散居村火災（小矢部市）における各火災発生時の低

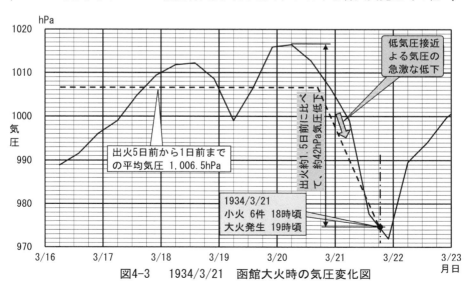

図4-3　　1934/3/21　函館大火時の気圧変化図

気圧の位置等を示しており、いずれの火災においても函館大火同様、低気圧が接近していた時、つまり、気圧低下時に出火していた。

　函館は、天然の良港を持ち、江戸時代末期（1859 年）国内初の対外貿易港として開港し、港湾都市として、また、水産都市として、火災を克服しながら繁栄し、開港時からその当時まで 70 年間以上、北海道最大の都市であった。しかし、この 1934 年の函館大火を契機に、防火対策の限界のためか、北海道最大の都市としての名を札幌に譲っていくことになったと言われている。

▼4．2　火災の特異性

　火災には不可解な現象があり、表 4-1、表 4-2 に示した火災を事例にして、以下、その特異性について記す。いずれも地下ガス噴気が関係していると考えられる。なお、1666 年に発生した世界的な大火でもあるロンドン大火も事例の一つに加える。

(1) 火災多発都市

　日本各地で火災が多発しており、その代表的な火災多発の大都市は、函館（1930〈昭和 5〉年、人口約 20 万人で国内順位 10 位）及び東京（江戸）である。函館、東京に限らず、大火が多発している都市の多くが、ある意味「火災の街」であり、それらの都市では過去に数多くの火災が、同じような地点で発生している。燃えやすい木造家屋が密集し、消火しにくい場所であることが、大火になりやすい条件であることに間違いはないが、その条件だけが共通している訳ではない。それらの場所に共通していることは、図 4-1 にも示した通り、ガス田にある。

　東京（江戸）は、江戸時代以降、関東大震災等の多くの大災害を、函館と同じように克服しながら、日本の中心都市として、最大の都市機能を維持しながら発展してきているが、いくつかの大災害発生の原因は、東京直下にある南関東ガス田からの地下ガス噴気である。その噴気によって、特異火災が起きている。

　昭和初期、消防機関の充実に対して、消防協会の表彰を受けた函館で大火が起こり、その大火がその後の函館発展の大きな支障となったが、都市防災が整備さ

れつつある現代の多くの都市にも、防災計画に見落としがあり、函館と似たような状況に陥る可能性がある。特に、人口が密集した都市ほど、火災発生の確率が高くなり甚大化しやすく、また、避難場所に避難者が密集しやすい等の解決されなければならない課題があり、都市計画のあり方を見直す必要がある。

函館大火の事例は既に記した通りであり、東京（江戸）の火災多発の事例は、「参考　4-3　江戸・東京の特異火災と『放火の疑い』」に記す。

（2）同時多発火災

火災多発都市では、同時多発火災も起きている。また、山林火災は人間が森林との関わり合いを持つようになった古代から発生しており、その記録にも、同時多発的に出火した例が少なくない。

①函館大火（表 4-1、事例　No.1）

この大火は午後 6 時 53 分に発生し、その約 1 時間前、市内 6 カ所で小火が相次いでおり、特異な現象であった。以下、「函館市の大風大火災」（前掲）の「内務省公報：発火当時の模様」からの抜粋を記す。

> 午後六時頃市内弁天町、住吉町、海岸町、蓬莱町、大縄町、新川町の六箇所に相前後して出火の報告ありたるを以て夫々消防組出動して直に消し止めたるが、間も無く全市に渉り停電を見たり、（以下省略）

当時、強風が吹き、消防署でも非番者全員が召集され、市民は火に細心の注意を払う中、六箇所で小火が起き、さらに、小火が消し止められた地区の内の一つ〝住吉町〟から再出火し、大火となった。

六箇所の出火原因は、電線のショートによると記されている報告もあるが、全てが単純なショートによるのであろうか。検証は十分でなかったように思える。

②東北山林火災（表 4-1、事例　No.12）

雑誌『森林技術』の「4 月 27 日（1983 年）に発生した東北地方の林野火災被害とその対策」（注 4-6）より、抜粋する。

> 各地で出火した林野火災は数十カ所に及び、このうち焼失面積が 10ha

以上となったものは、青森県で2件、岩手県で6件、宮城県で2件のほか、秋田県、福島県、石川県で各1件発生しその合計は13件に達した。（以下省略）

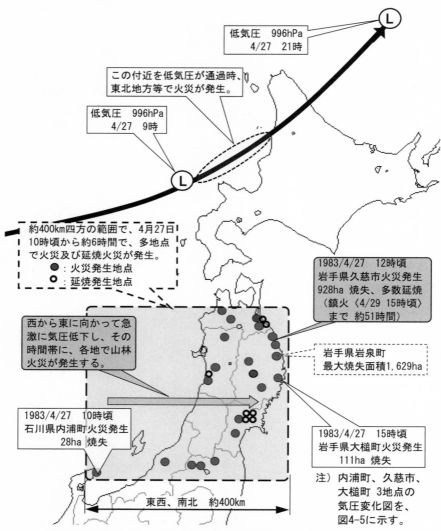

低気圧　996hPa
4/27　21時

この付近を低気圧が通過時、東北地方等で火災が発生。

低気圧　996hPa
4/27　9時

約400km四方の範囲で、4月27日10時頃から約6時間で、多地点で火災及び延焼火災が発生。
●：火災発生地点
○：延焼発生地点

1983/4/27　12時頃
岩手県久慈市火災発生
928ha 焼失、多数延焼
（鎮火〈4/29 15時頃〉まで 約51時間）

岩手県岩泉町
最大焼失面積1,629ha

西から東に向かって急激に気圧低下し、その時間帯に、各地で山林火災が発生する。

1983/4/27　10時頃
石川県内浦町火災発生
28ha 焼失

1983/4/27　15時頃
岩手県大槌町火災発生
111ha 焼失

注）内浦町、久慈市、大槌町 3地点の気圧変化図を、図4-5に示す。

東西、南北　約400km

図4-4 東北山林火災時の火災発生位置及び低気圧通過図

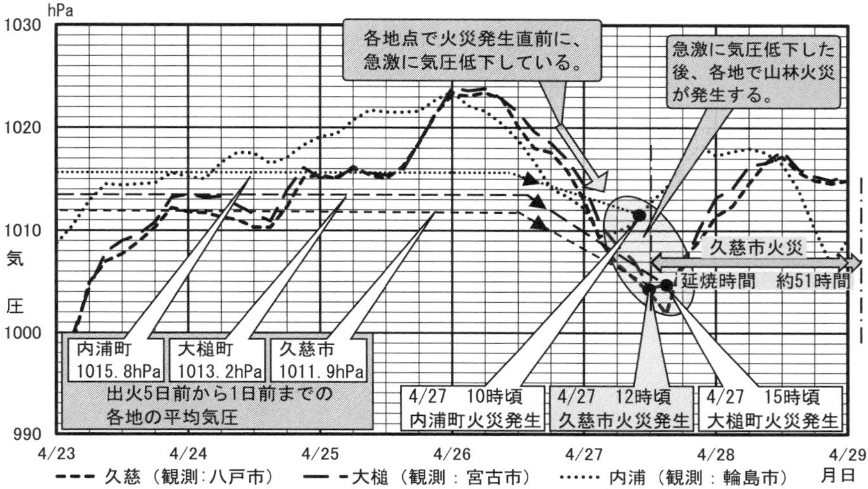
hPa
1030
1020
1010
1000
990
気圧
各地点で火災発生直前に、急激に気圧低下している。
急激に気圧低下した後、各地で山林火災が発生する。
久慈市火災
延焼時間　約51時間
内浦町 1015.8hPa
大槌町 1013.2hPa
久慈市 1011.9hPa
出火5日前から1日前までの各地の平均気圧
4/27　10時頃 内浦町火災発生
4/27　12時頃 久慈市火災発生
4/27　15時頃 大槌町火災発生
4/23
4/24
4/25
4/26
4/27
4/28
4/29
月日
久慈（観測：八戸市）
大槌（観測：宮古市）
内浦（観測：輪島市）

図4-5 1983/4/27　東北山林火災時の気圧変化図

大規模火災であることが焼失箇所・面積から理解できるが、出火箇所数、つまり〝**林野火災は数十ケ所**〟が特異である。出火に関しては、「**出火原因は、たばこ７件、たき火８件、ごみ焼１件、不明３件、調査中２件で、自然的原因は考えられない状況にある**」と記されているものの、〝**自然的原因**〟が考えられない理由が明らかでない。また、〝**数十カ所**〟の山林火災の中の一つに、鎮火に約51時間を要した岩手県久慈市の山林火災があり、その火災中に、飛び火によって延焼が発生したと報告されているが、その延焼がどのような人為的原因、或いは自然的原因なのか明らかでない。

この時、低気圧の日本海通過（参照：「図4-4　東北山林火災時の火災発生位置及び低気圧通過図」）があり、その気圧低下の状況は「図4-5　1983/4/27　東北山林火災時の気圧変化図」の通りとなっていた。低気圧が西から東に進むに従い、同様に気圧が西から東に急激に低下し、その時間帯に、出火原因が明らかでない山林火災が発生していた。地下ガス噴気によって生じた火災もあったと考えられるが、そのような視点からの検証はない。

参考　４－３　江戸・東京の特異火災と「放火の疑い」

「火事と喧嘩は江戸の華」と言われたように、江戸時代、数多くの火災が

江戸で発生した。先ず、特異な点は、火災多発地点があることで、『江戸の火事』（注4-7）の「火災多発の実態」に、その1例が次の通り記されている。

> 　江戸では火災が多発するだけでなく、同じ場所が何度も焼けるのである。たとえば湯島五丁目は天保2（1682）年12月28日の、いわゆる八百屋お七の火事で焼けた。そこで人々は焼跡に小屋がけして住んでいたが、翌年の正月18日にまた焼け出された。（以下省略）

江戸の特定の地点で多発する火災は出火原因不明が多く、特異火災である。

　もう一つの特異な点は、同時多発であり、その一事例を『江戸の放火　火あぶり放火魔群像』（注4-8）より抜粋する。江戸で最悪の大火となった明暦の大火（1657年）の状況である。

> 　最初の発火地点以外の複数箇所から出火し、それが延焼を拡大させ大火の原因になった（中略、牛込から火が延焼したと記され、その後）ところが、同時刻午後二時頃。夜ではない。御茶水元町から出火し駿河台方面に延焼しやはり多数の屋敷を炎上させ神田橋、本町、尼ヶ崎に至った。さらに同時刻、四谷塩町から出火、武家屋敷を燃やし青山宿まで延焼した。同時多発である。三件とも翌日午前四時頃まで燃え続けた。この三件同時に続き、四日、六日と大火が連続的に発生した。さらにこの四日も三件の多発であった。（以下省略）

　江戸は、火災多発都市で、同時多発火災発生が大きな特徴になっている。それに対し「**各火災が烈風という気象条件下ではあったが、それは基本的に出火の問題ではない。人為的なものつまり『放火』が関与していると思われる**」と同書に記されている。現在、消防等の出火原因の一つに「**放火の疑い**」があり、この「**放火の疑い**」を出火原因とする火災件数が多いことは、「3.1出火原因不明」に記した通りである（参照：p85）。〝**「放火」が関与していると思われる**〟火災、つまり「**放火の疑い**」を出火原因とする火災は、現在も起きている特異火災で、江戸時代から続く未解明の課題として残っている。

(3) 火災時の特異現象

(a) 飛び火・延焼

火災発生後、飛び火が発生し、延焼速度が速くなることによって、その消火が困難になり、大火になると言われている。『火災便覧』(注 4-9)には、「**これまでに、多くの火災で都市大火につながる要因であるにも関わらず、飛火の性状は、ほとんど解明されておらず不明な点が多い**」と記されており、その実例を記す。

①散居村(富山県現小矢部市〈砺波地方〉)の火災(表 4-2、事例 No.16)

『都市の大火と防火計画 その歴史と対策の歩み』(注 4-10)の「散居村火事にみる大火の本性」に、散居(散居:「**散らばって居住すること**」広辞苑より)村での飛び火が、次の通り報告されている。

> 平成 3 (1991)年 9 月 28 日(土)午前 1 時 7 分頃、(中略)**建設資材置き場付近から出火し、火の粉は折からの台風 19 号による南南西 17m/s の風に煽られて、風下方向へ約 1,420m 離れた住宅に飛火し、全焼 29 棟、部分焼 6 棟を出した火事であった。**(以下省略)

散居村では、①家屋が屋敷森に囲まれていること、②その家屋が点在していること等により、飛び火・延焼が起きにくいと言われているにもかかわらず、飛距離数百 m の飛び火による延焼が発生した。散居村とその飛び火の状況は「図 4-6 散居村(現小矢部市)火災延焼状況図」に示す通りであり、散居村でなぜこのような延焼が連続して起きたか、原因は明らかでなく、特異現象である。この時、「図 4-7 1991/9/28 散居村(現小矢部市)火災延焼時の気圧変化図」に示すように、約 1 日で 36hPa の急激な気圧低下が起きていた。砺波地方では、この事例だけでなく、次に記すように過去にも飛び火に襲われたと記録されている。

②過去の飛び火

『防災学ハンドブック』(前掲)に、過去に起きた飛び火の事例として、「表:過去の火災における最大飛び火距離(東京消防庁警防部、1982)」が掲載されている。1940(昭和 15)年以降の 14 事例で、最大飛び火事例は、飛び火距離 2,750m、富山県砺波地方(1944〈昭和 19〉年 5 月)とある。その表のデータを「図 4-8 風速と最大飛び火距離の関係図」に示すが、砺波地方の飛び火は、風速に対して

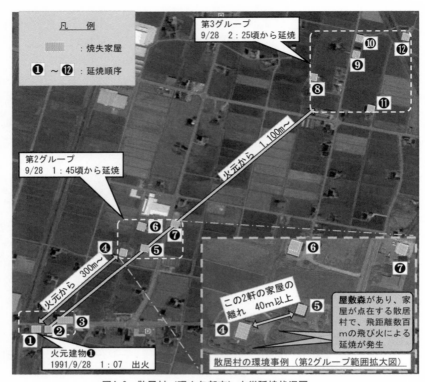

凡　例

:焼失家屋

❶～⓬ :延焼順序

第3グループ
9/28　2：25頃から延焼

⑩

⑨

⓬

⑧

⑪

火元から　1,100m～

第2グループ
9/28　1：45頃から延焼

❻

❼

❹

❺

火元から　300m～

⑥

⑦

❷

❸

❶

火元建物❶
1991/9/28　1：07　出火

この2軒の家屋の
離れ　40m以上

屋敷森があり、家屋が点在する散居村で、飛距離数百mの飛び火による延焼が発生

❹

❺

散居村の環境事例（第2グループ範囲拡大図）

図4-6　散居村（現小矢部市）火災延焼状況図

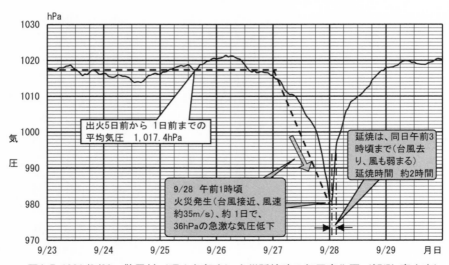

hPa

出火5日前から　1日前までの
平均気圧　1,017.4hPa

延焼は、同日午前3
時頃まで（台風去
り、風も弱まる）
延焼時間　約2時間

9/28　午前1時頃
火災発生（台風接
近、風速約35m/s）、約1日で、
36hPaの急激な気圧低下

気圧

図4-7　1991/9/28　散居村（現小矢部市）火災延焼時の気圧変化図（観測：富山市）

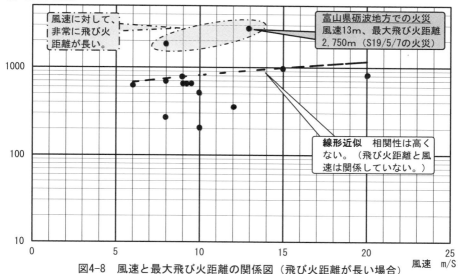

最大飛び火距離　m

図4-8　風速と最大飛び火距離の関係図（飛び火距離が長い場合）

（図中注記）
- 風速に対して、非常に飛び火距離が長い。
- 富山県砺波地方での火災　風速13m、最大飛び火距離2,750m（S19/5/7の火災）
- 線形近似　相関性は高くない。（飛び火距離と風速は関係していない。）

飛び火距離が非常に遠い一事例であり、風速と飛び火距離の相関性は、必ずしも高くない。

③山林火災での飛び火

　山林火災でも、多くの飛び火が報告されており、以下「林野火災の飛火延焼に関する研究」（注4-11）より抜粋する。

> 　飛火距離は数百メートルから数キロメートルまで及んでいる。（中略）飛火距離は、火の粉の保火時間、自然風の強さ、地形、火災の強さ、火災旋風の発生の有無などに依存するため、条件によっては飛火距離が10km以上に及ぶ遠距離の飛火が確率は小さくても起こるかも知れない。（以下省略）

　飛び火とは、広辞苑では「①火の粉が飛び散ること。②火災の際、火の粉が飛び散って、離れた所で火災が起きること。③一つの事件が直接関係がないと思われていた場所や人にまで影響を及ぼして、関連的な事件を発生させること（以下省略）」とある。私たちは延焼発生時、〝火の粉〟を見て、②の火災を飛び火と解釈している。実際には、同時多発火災或いは飛び火と称されていた火災には、もう1種類があると考えられる。それは、これまで認識されていなかった「地下

ガスによる火災」である。「地下ガスによる火災」は、序章で「地下ガスが地表にふき出すことによって発生する通常火災」と定義したが、広辞苑の③にならえば、「一つの火災が〝直接関係がない〟と思われていた場所にまで、その火災と同じ原因である地下ガス噴気等の影響があって、〝関連的〟な火災を発生させること」となる。

　前項で記したように、同時多発火災時に原因が明らかでない延焼が起き、また、風速と飛び火距離の相関性が高くない飛び火による延焼が起きているが、それら延焼の原因は〝火の粉〟でなく、地下ガス噴気であった可能性が高いと考える。

（b）特異な炎

　大火時、特異な炎が生じる。炎の状況は、見た人の主観により表現されており、その体験談等の科学的検証は難しい。以下の報告等は、やや正確性に欠ける点はあるが、類似の報告もあり、それらは真実を記録していると思われる。その記録と想定される現象を記す。

①函館大火「高い火柱」

『函館大火史』（注4-12）より

> 　この猛烈な火柱の高さについて（中略）当時山嶺に踏止まっていた要塞のＵ砲兵曹長（中略）　旋風火柱の高きものは約百米（m）乃至二百米（m）まで上昇し、全く物凄い光景を呈したという。（以下省略）

　炎が高さ200mまで上昇している写真はないが、新潟大火・糸魚川大火等で、炎が高くふき上がる写真が撮られている。新潟大火の炎の写真には、「石油倉庫に飛火」と説明があるが、糸魚川大火の炎の発生場所には、石油倉庫等の危険性の高い施設はなかったようである。異常に高い炎がふき上がっても、その原因は明らかでない事例が多い。

②石岡大火「鮮血の様な炎」（表4-2、事例　No.14）

　石岡市史に、茨城県石岡市は「近世以来火事の多い町であった」と記されている。1929（昭和4）年の大火の特徴を、『あゝ石岡大火災　惨絶！　昭和の紅蓮地獄』（注4-13）（以下『あゝ石岡大火災』と記す）より抜粋する。

> 　朝から吹きつけた西北の風は、午後になって益々勢いを加へ、石岡町の空は、濛々と捲き上がる砂塵の煙りにおおわれて、太陽の光も陰惨な色に曇っていた。（中略）各町内は稲荷祭りの社にさえ燈明をともさず、商家は勿論、工場、浴場に至る迄一年一度の今日に限って焚き物を禁じ、全町は殆ど因襲的に<u>火の戒厳令が布かれた日</u>である。（中略）<u>街頭</u>は華やかな<u>電燈に飾られて</u>、（中略）<u>鮮血の様な炎が天に向かってほとばしり出でん</u>（以下省略）

　これら大火時の、100〜200mまで上昇した〝<u>火柱</u>〟、〝<u>鮮血の様な炎が天に向かってほとばしり</u>〟等の炎は、その現象が科学的にどのようにして発生したか、説明できておらず、特異現象である。地下ガス噴気と発火源により発生し、その噴気量等の違いによって炎の規模も違ったと考える。

　また、石岡大火では、全町で燈明を含めすべての火をともしておらず、火の気のない場所から火災が突然発生したと記されている。なぜ出火したか？　各種調査、厳重な取り調べ等が行われ、放火説等もあったが、結果として、出火原因不明であった。「〝<u>火の戒厳令が布かれた日</u>〟、〝<u>街頭</u>〟には〝<u>電燈</u>（外灯）<u>に飾られて</u>〟いた」との記載状況が正しければ、唯一ともされていたのは外灯だけであり、その外灯又は電線等を発火源とする「地下ガスによる火災」であったと推定することができる。山林火災を含め、屋外で出火原因不明の火災が数多く起きているが、それら火災も、火花を出す外灯等の屋外の電気機器を発火源とする「地下ガスによる火災」の可能性がある。

（c）爆発音

大火時、大きな爆発音を近隣・近郊の人が聞いている。以下その事例を記す。

①函館大火

　函館大火を都市災害として学術的にまとめ、火災発生の約80年後に発行された『函館の大火』（2017年）（注4-14）には、数例の〝<u>爆発音</u>〟の証言が記されており、その一例として、函館近郊の旧茂別村（現北斗市、函館市西方約10㎞）で「烈風の中で函館の方向が真赤になっていて、<u>時折花火のような破裂音を聞いた</u>」とある。

②石岡大火

『あゝ石岡大火災』（前掲）の「大火災記」に「**大砲を撃つ様にズドンズドンと
いう大音響が聞える**」とあり「まるで**噴火地獄を見る様**だ」と記されている。

③ロンドン大火

ロンドン大火は、近世のヨーロッパで発生した歴史に残る大惨事であり、以下、
『1666年　ロンドン大火と再建』（注4-15）からの抜粋を記す。

> 　炎はセント・ポールズと同じ高さまで上った。あの花火製造業者の**花火**が、
> あたかも**ぱちぱち、じゅうじゅう音を立てる**ロンドンの大釜の上の大空で、
> 悪魔的な勝利を祝って戯れているかのように見えた。

セント・ポールズとはロンドンを代表する大聖堂で、ロンドン大火の前に、そ
の尖塔が落雷を受け、ロンドン大火時はまだ再建されておらず、その高さは不確
かであるが、異様な音を立て、かなりの高さまで炎が昇っていた。

これら大火時の、〝**花火のような破裂音**〟、〝**ズドンズドンという大音響**〟、〝**花
火・ぱちぱち、じゅうじゅう音を立て**〟等の爆発音は、飛び火等と同じように
特異現象である。地下ガス噴気により、このような爆発音があり、炎がふき上り、
石岡大火で表現されている〝**噴火地獄を見る様**〟になったと考えられる。

火災時に発生する個別の特異現象である「飛び火」「特異な炎」「爆発音」は、
過去の火災事例で検証すると共に、今後の出火原因調査においては、「地下ガス
による火災」が起きる可能性があるとの視点から、それら特異現象を検証すべき
であろう。

参考　4-4　流言飛語と大火

　関東大震災時に関東一円に流言飛語が発生した。日本だけでなく、海外で
も大火が発生し、流言飛語が生じることがあり、海外の一事例が、ロンドン
大火である。ここでは、ロンドン大火及び関東大震災での流言飛語とその隠
された原因を説く。

（a）ロンドン大火

『1666年　ロンドン大火と再建』（前掲）に、「この火事がロンドンのシチーの六分の五を焼け尽くす大惨事に発展してしまった」と記され、その大惨事中に、流言が発生したとある。以下その抜粋を記す。

> ロンドン中を更に脅かしたのは、ローレンス・パウントニー・ヒル（当時のロンドンで最も高い尖塔の一つ）から火が出たことである。（中略）この光景を（中略）<u>故意の放火</u>と見た者もいた。「大火を機に四千人のフランス人と教皇主義者が武器を手に押し寄せて来る」との流言が飛び、（中略）ニュース欠如のため、ありもしない噂が国中に広がり、ロンドンの火災は外国軍による<u>放火だとする説</u>が広く信じられた。

当時、〝<u>故意の放火</u>〟は起きておらず、〝<u>放火だとする説</u>〟は流言であったが、なぜ、放火の流言が発生したか、検証は十分でないようである。

（b）関東大震災（表4-2、事例　No.13）

ロンドン大火と関東大震災を、物理学者であり地震学者でもあった寺田寅彦（1878～1935）氏が比較している。以下「ロンドン大火と東京大火」（注4-16）からの抜粋を記す。

> 『ロンドン大火』という本を見付けた（中略）色々な点でこれが関東大地震の際における東京大火とよく似ている。二百五、六十年も経っているけれども、大体の様子があまり違っていない。（中略）火事が多くの流言飛語を生んだことも似ています。（中略）<u>フランス人やオランダ人が爆弾を投げ込んで歩いたという噂</u>（中略）が立った（以下省略）

ロンドン大火時、〝<u>フランス人やオランダ人が爆弾を投げ込んで歩いたという噂</u>〟等が発生し、関東大震災時、同じように、「朝鮮人が爆弾を投げ込んだという噂」が、さらに、「井戸に毒が投げ込まれたとの噂」が数多く発生した。そして、その流言飛語によって放火犯とされた人々が数多く殺傷されるという悲惨な事件が各地で起き、日本の歴史上の大きな汚点となった。このような流言飛語は、関東大震災時だけでなく、既に記した明暦の大火を含め江戸

時代の大火時にも起きているが、それらの真相は未解明のままとなっている。

(c) 流言飛語の原因と真相

　流言飛（蜚）語とは、広辞苑によれば、「**根拠のないのに言いふらされる、無責任なうわさ**」であり、他の辞書においてもほぼ同じである。しかし、異なった解釈がある。例えば、『社会学事典』（注4-17）の「うわさ」の説明の中で、「**報道が途絶した場合、そこに発生する空白を埋めあわせようとして生みだされる憶測ないし推測に基づくメッセージが流言であるとした**」と記されている。用語は時代と共に変化しており、現在において、どちらが正しいか論じるつもりはないが、その当時の状況を体験者の証言等より確認すれば、この震災時の流言飛語の意味は、後者として理解することが妥当であろう。その理由は、流言飛語発生の経緯にあり、以下のように発生したと考えられるからである。なお、（　）内には、そのように考える根拠を記す。

① 「爆弾が投げ込まれたような爆発が生じたこと〈現象Aとする〉」及び「井戸に毒が投げ込まれたような現象が生じたこと〈現象Bとする〉」、この2つの特異現象が実際に生じた。特に、現象Aによって火災が巨大化し、何人もの被災者がその現象を目撃し、爆弾が投げ込まれたと思い、犯人に対し強い憤りを持った（実際は、犯人はおらず、2つの現象とも誤認であった。現象Aは、地下ガス噴気による爆発であり、現象Bは、地下ガス噴気による井戸内の気泡発生であった）。

② 犯人捜しは、被災者にとって、最大の関心事となり、震災で〝**報道が途絶した**〟中、犯人が〝**空白**〟、つまり、明らかでなく、その〝**空白**〟を明らかにしなければならなかった。当時、強い憤りを持った被災者の中に、「反社会的と考えられていた組織の人（例えば外国人）が犯人である」と〝**憶測ないし推測**〟した人達がいた（目撃された特異現象が、自然現象であると理解できなかったため、その現場を目撃し、「犯人がいる」と誤って理解した人達にとって、犯人捜しは使命＝正義に似たものとなった）。

③ これらの現象を間接的に見聞きしていた多くの被災者も同様に、犯人に対し強い憤りを持ち、その〝**憶測ないし推測**〟は信憑性が高いと受け入れた。

流言飛語発生原因は、「犯人を〝憶測ないし推測〟した人達」でも、また、「〝憶測ないし推測〟を受け入れた人達」でもなく、地下ガス噴気が、〝自然法則〟に従った自然現象であると理解できなかったことにある。

1995年、阪神・淡路大震災時にも、関連する状況があった。多くの火災が出火原因不明であっただけでなく、出火原因に「放火」及び「放火の疑い」が多く、この2つの原因は10件程度あったと記録されている。大地震で、多くの人が危機に瀕している最中に、沢山の放火があったのか、確認できていない。

出火原因が「放火の疑い」と分類される火災は、「放火」が断定されていないと誰もが理解できる。一方、同「放火」と分類されるのは、消防機関等の扱いでは「何者かによって放火されなければ発生しなかったであろうと認められる場合」であり、断定されておらず、推定によっている。

火災が頻発し、既に記したような特異現象が起き、情報が少なく、火災が連続して起きる緊迫した状況下で、「放火」又は「放火の疑い」による火災が起きたとの情報が、消防等の公的機関から発信された時、その「放火」が推定によると理解し、冷静に対応できるであろうか。出火原因が「放火」の火災には、「放火犯がいる」と判断し、犯人捜しを使命と感じ、その犯人捜しを始める人がいる場合に、私たちは、その犯人捜しを止めさせることは容易でないであろう。今も社会の中に、そして、個人の中にも、流言飛語が生まれる素地が残っている。

関東大震災時の流言飛語を経験した社会学者である清水幾太郎（1907〜1988）氏は、彼の著書『流言蜚語』（注4-18）で、「**明察を以て聞える多くの人も、この問題**（流言飛語）**に関するや否や、感情を以て語り始めるのが常である。問題が感情によって混乱に陥ることはあっても、感情によってこれを処理し得ることは誠に稀であると言わねばならぬ。**（中略）、（流言飛語は）**科学的に究明されなければならぬ**」と記しているように、流言飛語発生の原因は、これまで科学的に理解されていなかった。

近い将来、関東大震災クラスの地震の再来が予想されている。一方、私たちは、未だ「地下ガスによる火災」を理解しておらず、その再来時に地下ガス噴気の対応を誤り、過去何度も発生したような火災・爆発等の災害を起こしてしまう危険性がある。さらに、被災地では、現在必需品となっているスマホ等を使い、情報を得られるとの保証はなく、正確な情報が途絶える。情報が途絶えるとは、約百年前の関東大震災当時と同じような状況であり、その災害原因を誤認し、その誤認が流言飛語を発生させる可能性を高くさせるのであろう。

　また、情報が途絶えなくとも、誤った情報が、関東大震災時に流言が拡散したよりも、ずっと早く・無秩序に、SNS等で拡散する可能性があり、そのような事態に陥らないようにするためにも、一人一人が正しく理解しておかなければならない。

▼4．3　低気圧通過時・洪水時の火災

　低気圧又は台風が通過する時だけでなく、大雨による洪水時にも、火災が発生することがある。大雨は、低気圧又は台風等に伴う現象であり、大雨時の火災も、気圧低下を一つの原因として発生している。

(1) 低気圧・台風通過時の火災

　気圧低下時の大火事例は、『台風物語』（注4-19）にも記され、台風時の気象に関わる風・雨等の諸現象が記されている中、大火が起きやすいと次の通り記されている。

> 　台風が日本海を通るときにこの地方（北陸4県）は、中部山岳によるフェーン現象が起き、乾いた西〜南の強い熱風が吹くからで、いったん出火すると、この風にあおられて大火になりやすいのである。（中略）（台風が）日本海にはいったときには、台風による大火の起きやすい気圧配置となっていることを思い、より一層火の元に注意ということになる。

　第三章で取上げた1955年の新潟市大火も1956年の魚津大火も、この北陸4県で起きた大火の事例であり、出火原因不明であることは、既に記した通りであ

る。また、このような大火発生は、この地方に限ったことでなく全国各地にあるが、それら大火に対して〝より一層火の元に注意〟と記されるだけで、火の元に対する具体的な注意点・対策等がなく、課題は残されたままになっている。

参考　4－5　低気圧通過時の事故事例と対策

　低気圧通過時の事故事例があり、その実態、原因等が示されているが、次の3つの事例に記すように、最終的に必要となる事故防止のための対策に、大きな違いがある。

(a) 炭鉱のガス濃度と低気圧

　文献「低気圧の通過と炭鉱のガス濃度の関連について」（注 4-20）に、炭鉱内でのガス濃度の変化が報告されている。以下その抜粋を記す。

> 　炭鉱では採炭後空どうとなった場所を壁を作って密閉してしまう。ところが低気圧が接近すると、この空どうの内外の気圧差で、空どう内に自然に充満したガスが壁を通して坑道に漏れることとなり、鉱内のガス濃度が増す。（中略）気圧の降下状況によっては危険を伴うことがあるので、大低気圧の接近、通過時には気圧の変化を監視、ガス濃度の測定に特に努めている。

　低気圧時に坑内のガス濃度が増すことは、炭鉱の専門家だけでなく、トンネル技術者等の類似の閉鎖された空間で仕事に携わっている人には、常識的な内容である。その危険に対する事故防止対策として、防爆仕様の電気機器（参照：p69）を使用する等が決められている。事故原因・対策は明確であり、事故は防止できている。

(b) 東京下町での気圧低下時のガス噴出

　類似の現象が、東京下町でも起きている。文献「東京下町低地における可燃性天然ガスの噴出について」（注 4-21）からの抜粋を記す。

> 　ガスの噴出は気圧の変化に支配されている状況がうかがえる。（中略）

> 1) 気圧が高いときは、井戸より噴出するメタンガスの濃度は低く、(中略)
> 2) 気圧が低いときは井戸口より気体が噴出し、その時にメタン濃度は高くなり、(以下省略)

坑内等の閉鎖された空間だけでなく、開放された空間においても、地下ガスの噴出が気圧変化によって発生することが示され、事故原因等は明らかになっている。しかし、その対策は具体性に欠け、事故防止は徹底されていない。なお、この事例は、「6.3 (3) 出火原因不明と科学的視点からの新たな仮説」の一つに追記する。

(c) 低気圧通過時の火災とガスコンロの不始末

文献「昭和41 (1966) 年1月10～11日の日本海低気圧通過時の強風に伴なう三沢市大火に関する異常気象速報」(注4-22) で、この火災の報告が次の通り記されている。

> (1) 今回の異常気象の特性
>   低気圧が発達しながら (中略) 984mb (hPa) となり北海道網走付近に達し、気象配置は典型的な冬型で、(中略) 出火時刻が最も風が強い状態のときであった (中略)
> (3) 延焼経路
>   (11日) 14時20分出火したが、原因はガスコンロの不始末で、ガスレンジと密着していた羽目板に引火したものとされている。

この火災発生時の異常気象が強調されているが、その異常気象とは、風が強い等であり、気圧低下の視点からの検証はない。また、その出火原因に関しては、"ガスコンロの不始末……引火したものとされている"、とあるように、必ずしもその出火原因は明らかになっていない。既に第一章に類似事例等を記しており、このような火災は、本例に留まらない。この出火原因は明確でないため、対策もなく、事故は防止できていない。

強風或いはフェーン現象は延焼原因であるが、出火原因でない。出火原因には、

気圧低下によって生じる地下ガス噴気がある。低気圧・台風通過時、地下ガス噴気が生じやすい箇所では、電気機器等が〝<u>火の元</u>（発火源）〟になるので、地下ガス噴気に対しては、電気機器を含めた火気をコントロールすることも、一つの重要な対策になる。気圧低下時の地下ガス噴気危険度判定と予測とその対策に関しては、「第六章　学際的取組み」に追記する。

（2）洪水時の火災

　低気圧又は台風通過時に、大雨により洪水が発生する。家屋が水に浸かる洪水とその水に浸かった家屋の火災は相反する現象であるが、少なからず発生しており、以下その事例を記し、考察を加える。

①室戸台風時の岡山市の火災

『近・現代　日本気象災害史』（注4-23）の「昭和の三大台風の秘話　1934（昭和9）年、室戸台風」の「出水氾濫中に火災も」に、岡山市内の水害の状況が記され、その後、火災が次の通り記されている。

> 　水害に加えて、<u>出水氾濫中に火災</u>が起こって一層の混乱を来した。どのような火災か原因は分からないが、<u>特異な火災</u>であろう。

　〝<u>出水氾濫中</u>〟の火災を〝特異な火災〟と指摘しているだけで、火災に比べ、水害による被害が甚大なためか、出火原因不明で、十分な検証ができていない。この時、室戸台風の襲来により、当時観測史上世界最低気圧、912hPaを記録していて、気圧降下速度も記録的であり、約3時間で約70hPa低下していた（参照：「図4-9　1934/9/21　室戸台風時の気圧低下図」）。

②アイオン台風・一関市

　1948（昭和23）年、アイオン台風による洪水時、岩手県一関市でも火災が発生した。地元紙の岩手日報より、当時の記事を抜粋する。

・1948年9月17日

　記事：〝<u>水害の街　一関</u>〟は烈しい雷雨により（中略）加えて火災が発生し、負傷者2千人、<u>水火の禍</u>に、市民は恐怖のどん底にたたき込まれた。

・1948年9月18日

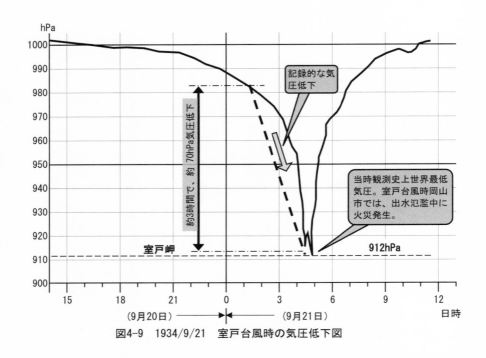

図4-9　1934/9/21　室戸台風時の気圧低下図

　記事：サイレンが鳴ったかと思うと磐井川の堤防が決壊（中略）表通り約二十軒
　　　　ほど猛火になめられ洩水の中に赤く燃え上る（中略）全く不気味であった。

　〝水火の禍〟とは、津波火災に似た現象であり、この火災も〝不気味〟と表
現されるだけで、上記室戸台風時の火災と同様、出火原因不明である。一関は、
〝水害の街〟であると共に、〝火災の街〟であった。

③江戸（東京・安政年間）の大火

　江戸でも大雨の時、大火が起きている。同『近・現代　日本気象災害史』の「日
本最強の台風　1856（安政3）年の江戸の大風災」によれば、以下の通りである。

> 　芝片門前（現東京都港区）家から出火した火災は雨中に延焼し、（中略）大風
> 雨中の火災だったので、人々は逃げ惑い、けが人や死者がおびただしかった。

　この火災に関しては、『日本災異志』（前掲）の「火災の部」に「安政3年8
月25日、江戸大風、芝及四谷火、死傷甚衆」と、「大風（台風）の部」に「（同
日）、江戸及近国大風雨損害甚」とあり、さらに、その中の記載に「其の時地震

ありしという」とある。これら記載から判断すると、気圧低下及び地震動の両方が影響し、地下ガス噴気が生じ、大火が発生した可能性がある。

　洪水時の火災と同じように、津波火災も水面直上での出火であり、この２つの火災発生状況は似ている。東日本大震災の頃から、津波火災は、特に注目され調査が行われるようになった。その調査報告の一つに『東日本大震災合同調査報告　建築編７　火災／情報システム技術』（注4-24）があり、その「地震火災の全体像」に「**津波火災の出火原因は、<u>不明が非常に多い</u>点が特徴である**」と記されているように、両火災とも、その原因はこれまで分かっていない。

　〝**<u>不明が非常に多い</u>**〟と考えられている津波火災の出火原因は、既に「3.3（2）（c）地下ガス噴気と自然災害としての火災」に記した通り（参照：p104）、液化流動による地下ガス噴気を誘因とする地震災害であり（表3-3の❷）、単純な自然現象によっている。同じように、洪水時の火災は、気圧低下による地下ガス噴気を誘因とする気象災害である（同表の❶）。地下ガス噴気は、気象・地震の両災害に関係しており、次章に、地震火災（津波火災も含む）と地下ガス噴気との関係を記す。

四章

地下ガスによる火災の実態

《大惨事となった函館大火と他の大火の比較》（参考図1）

函館焼失範囲
（函館大火の被害は甚大。
焼失面積は酒田大火の約20倍、
糸魚川大火の約100倍）

1km

■：函館大火　1934年発生
焼失面積　約 416ha
死者 2千人以上

酒田・糸魚川大火
（スケールは函館大火に合わせる）
■：酒田大火　1976年発生
焼失面積　約 22ha
死者・不明 2名
■：糸魚川大火　2016年発生
焼失面積　約 4ha
死者　なし

凡　例
▨：焼失範囲　○：火元　→：延焼方向

《大惨事となった関東大震災と他の震災等での焼失面積の比較》（参考図2）

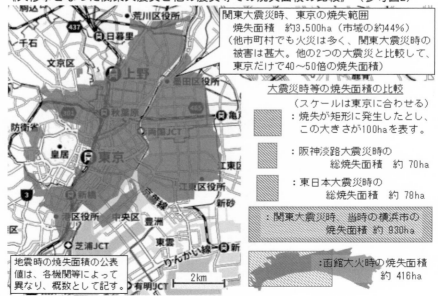

関東大震災時、東京の焼失範囲
焼失面積　約3,500ha（市域の約44％）
（他市町村でも火災は多く、関東大震災時の
被害は甚大。他の2つの大震災と比較して、
東京だけで40〜50倍の焼失面積）

大震災時等の焼失面積の比較
（スケールは東京に合わせる）
▨：焼失が矩形に発生したとし、
この大きさが100haを表す。

▨：阪神淡路大震災時の
総焼失面積　約 70ha

▨：東日本大震災時の
総焼失面積　約 78ha

■：関東大震災時、当時の横浜市の
焼失面積　約 930ha

■：函館大火時の焼失面積
約 416ha

地震時の焼失面積の公表
値は、各機関等によって
異なり、概数として記す。

2km

第五章

地下ガスによる火災と地震の関連性

　地下ガス噴気は、低気圧接近時、気圧低下を主原因として発生するだけでなく、地震時、地震動を主原因として発生し、特に大地震時、火災を含む顕著な特異現象を伴って発生する。地下ガス噴気による地震火災は、史料等を含め数多く記録されており、科学的視点から検証する。さらに、それらの現象は同一地点で再発しており、その視点からも検証する。

▼5.1　地震時の地下ガス噴気の検証
(1) 地震時の地下ガス噴気
　大地震時の地震動は大きいため、ガス発生量は多く、地下ガス噴気に伴って発生する特異現象は顕著で多様である。先ず、大地震3事例での地下ガス噴気を記し、関連する特異現象と課題等を示す。

(a) 関東大震災（1923〈大正12〉　9　1、M7.9）と火災
　（カッコ内の表記は、「理科年表」の「日本付近のおもな被害地震年代表」に記された発生年月日とマグニチュードであり、以下、各地震の概要として同様に記す）
　震災の翌日、9月2日、大阪毎日新聞の号外の記事には、「<u>火災は家屋倒壊のためのみでなくいたるところ漏電と瓦斯</u>（ガス）<u>の噴出により発したものである……</u>」とある。
　〝<u>火災</u>〟が〝<u>いたるところ漏電と瓦斯の噴出により発した</u>〟ことに関する具体的な説明はないが、この記事を書いた記者及び新聞社は、ガス管破損によるガス噴出によって火災が発生したと理解しており、また、ほぼ全ての読者もそのように解釈したと思われる。この当時、東京周辺の地下にガス貯留があることは、その分野の専門家にも知られていなかったため、このように解釈されていた。

震災当時、東京での被災者の体験談に「井戸の水面が沸騰したようになった」等があった。このような現象が、「毒が投げ込まれた」と誤解されることはあっても、地下ガス噴気が発生したと正確に理解されることはほとんどなかった。ただし、1925（大正14）年発行「関東地震調査報告第一」（注5-1）の「千葉県安房郡地震調査報文・瓦斯の噴出」の項では、地下ガス噴気が正確に報告され、その内容は、「**保田町**（現千葉県鋸南町）**市井原字台ケ崎に於ける保田川上流の河底よりは従来微量の瓦斯を噴出せしに大震後急にその噴出量を増大せり**」と記されていた。

　その後も、大地震時に地下ガス噴気が報告されたが、その現象が大きく取り上げられることはなかった。特に、関東大震災から50年後（1973年）発行の『関東大地震50周年論文集』（注5-2）の文献「地盤震害と地盤調査の必要性」には、日本だけでなく世界の大地震の検証に基づき、地震時に地下ガス噴気があったと記され、その抜粋は、以下の通りである。

> 　激しい地震のとき、（中略）**井底から泥砂が噴き出し、井戸を閉塞して廃井となることもあり**、（中略）**ガスの噴出**ということもある。地下に、うっ積したガスが、地震のとき生じた地の割れ目から噴出するのである。（以下省略）

　1973年当時、東京湾沿岸で地下ガス採取が行われており、南関東ガス田の存在は広く知られていて、このように大地震時に〝**ガスの噴出**〟があり、井戸の異常及び液化流動があったことが示されても、地下ガス噴気と火災の関連性が注目されることはなかった。さらに、2011年、東日本大震災時にも、一部地域で地震の影響による地下ガス噴気が正確に報告されたが、同じように注目されることはなかった。

　関東大震災時、地下ガス噴気が現在の千葉県鋸南町で確認され、その後も約100年間、類似の事例が大地震の度に確認されながら、その事例報告だけで、液化流動によって土砂とともにガス田からガスのふき出しがあるとの発想が生まれず、さらに地下ガス噴気と火災との関連性について、科学的な調査・検証等が行われたことはない。

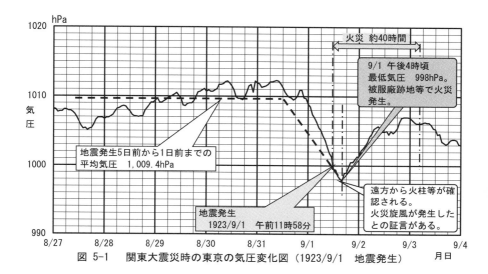

図 5-1　関東大震災時の東京の気圧変化図（1923/9/1　地震発生）

　また、この大震災時、急激な気圧低下があったことが、『大正大震火災誌』（注5-3）に記されている。その概要は「低気圧通過のため、気圧が下降し、9月1日午後4時には約998hPaまで低下。その後上昇し始め、翌日正午には約1,005hPaに達した（参照：図5-1　関東大震災時の東京の気圧変化図）」とあり、気圧が最も低くなった午後4時頃、被服廠跡地（現東京都墨田区）1か所の避難場所で、3万6千人が亡くなる日本の歴史上最悪の大火災が発生していた。被服廠跡地での大火災は、「参考　5-3　関東大震災後の復興計画と課題」等に追記する。

　気圧低下によって地下ガス噴気が発生し火災が生じることは、既に記してきた通りである。当時の現象を正確に再現して、検証を行うことは難しいが、類似の条件、つまり地震動と気圧低下が重なれば、地下ガス噴気は一層生じやすくなり、関東大震災と同じような大惨事が起きる可能性がある。

(b) 新潟地震（1964〈昭和39〉6　16、M7.5）と吸い込み現象

　その日の新潟日報特別号外（6月16日）の見出しに「……アパートもばっさり あふれる泥水、アワ吹くガス」と記された。以下その記事を記す。

> 　地震とともに新潟市関谷田町付近は各所に水道管が破裂したためか、<u>道路</u><u>一面が完全にドロ水におおわれてしまった。</u>うずを巻いて流れる水面にガス管の破裂でもれるガスのため〝ガボ、ガボ〟という不気味な音とともに<u>アワが吹き出し</u>てくる。そのため路上のキ裂がかくれ自転車もろとも<u>穴に落ち込み首だけを水面に出して</u>救いを求める人も、二、三人おり、（以下省略）

　このような現象が、水道管やガス管の破損で生じたのか明らかでなく、検証できていない。次のような現象が生じていたと考える。

　先ず、液化流動により、地下水・土砂等がふき出し、〝<u>道路一面が完全にドロ水におおわれ</u>〟た。その後、地下ガスはふき出しながら、そのふき出しの途中で、そのガスが土砂の間隙に入り、そのガスの入った間隙に、水が〝<u>うずを巻いて</u>〟吸い込まれながら、そのガスの〝<u>アワが吹き出し</u>〟た。そして、道路にふき出していた水が吸い込まれるように人間も吸い込まれた。

　〝<u>穴に落ち込み首だけを水面に出して</u>〟いる状況とは、次に記す「吸い込み現象」が発生していたことの証拠であると考える。

参考　5−1　地震時の液化流動に伴う吸い込み現象の真相
（参照：「参考 0-2　用語の定義」）

　文献「新潟県における歴史地震の液状化跡—その1—」(注 5-4) の「歴史地震の液状化跡」で、液状化について「**これまでの遺跡において液状化とされてきた現象は、地層を貫く噴砂脈（噴砂現象）であることが多く、液状化現象としてのイメージが固定されていた**」とあり、その後に別のイメージが次の通り記されている。

> 　噴砂現象の終了時期に上位層を下方へ<u>引き込む</u>現象や、（中略）地層内において初生的堆積構造を乱して流動変形している場合も認められ、液状化を含む地震動による地層の変化は、噴砂現象のみでないことが明らかとなってきた。

（この文献では、用語として「引き込む」が用いられているが、ほぼ同じ現象を「吸い込み」と表現される場合がある。本書においては、これらは逆行流であり、用語としては、引用文等を除いて「吸い込み」を用いる）

　また、「**地層に認められる液状化跡**（吸い込み現象跡）**を認定すること**は（中略）**液状化の発生メカニズム**（中略）**を解くための非常に有効な事例となる**」と記されるように、地下ガス噴気が関わっている吸い込み現象は、「液状化」発生メカニズムを解くための鍵となる現象であり、その発生メカニズムは、「図5-2　液化流動の吸い込み現象順序図」に示す通りと考える。

　以下に、現状の「液状化」の定義を確認し、図5-2のポイントを記す。

　従来言われている「液状化」の定義を広辞苑で確認すると「**砂の地盤が地震の衝撃で流れやすくなる現象。砂粒の間に飽和していた水の圧力の変化で水が動き、砂の粒間結合が破られて、<u>砂全体が液体のようにふるまう</u>と考えられる。地震動が大きいと液状化のため建物が被害を受け、砂が地上に噴出し噴砂となる。特に埋立地などで見られる**」となっている。また、建築学会、土木学会等の関連の基準においても、「液状化」の定義は、上記とほぼ同じである。このような「液状化」の定義は、〝<u>砂全体が液体のようにふるまう</u>〟現象を表わしているが、実際に地震時に生じている「液状化」現象の全容、特に、「吸い込み」現象を表わせていない。

　吸い込み現象が生じる<u>液化流動</u>は、序章でも定義したように、地下ガスが関わっており、そのメカニズムのポイントは、「①先ず、ガス滞留により、地下水圧が増加し（図5-2のⅡ）、②その後、地下水・土砂のふき出し（深層噴流）に続いて、③浮上したガスが地表にふき出し、その範囲の圧力が低下し、（以上、図5-2のⅢ）、④噴出孔下方の土砂の間隙にガスが滞留することにより、その範囲の圧力が急激に低下し、ふき出した地下水・土砂が、圧力差が逆転した土砂の間隙へ急激に吸い込まれる（以上、図5-2のⅣ）」のである。

　この現象では、最初にふき出しである<u>深層噴流</u>が生じ、その後に、吸い込みである<u>逆噴流</u>が生じる。逆噴流とほぼ同時に噴出孔下方の土砂の間隙に滞留していたガスが抜け、圧力差が無くなり、この現象は終息する。

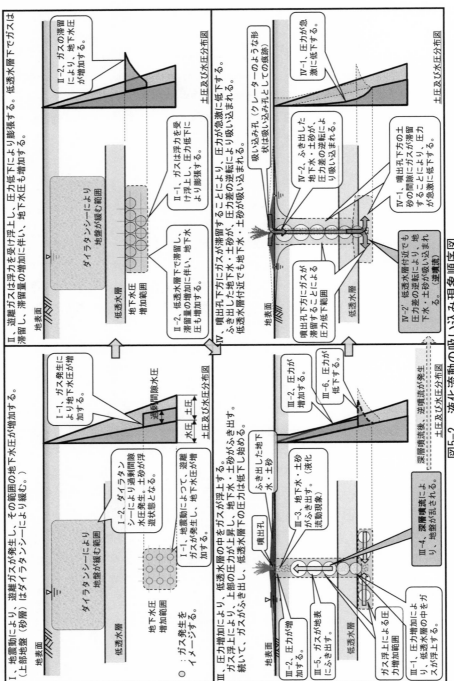

図5-2 液化流動の吸い込み現象順序図

この一連の現象の中で、初めに発生する地下水等のふき出す状況は、映像等に撮られており、私たちはその映像から強い印象を受け、「液状化」としてのイメージが固定化され、その孔が噴出孔であると理解している。実際は、この現象の終盤に地下ガスのふき出しがあるが、その状況は映像に映らず、このガスのふき出しは情報の嵐の中に掻き消され、私たちはこれまで理解することができなかった。

　目を凝らしてそれら映像等見ると、その孔はクレーターのような形状をしており、その内側がほぼ垂直な面になっていることに気づく。そのような観点から観れば、最後に残ったその孔は、噴出孔でなく、吸い込み孔の痕跡であると理解できる。

(c) 唐山大地震（1976　7　28、M7.8）と警鐘

　唐山地震は、中国河北省（北京東方約150km）で発生した直下型地震で『二十四万人の屍　ドキュメント唐山大地震』（注5-5）の書名が示すように、公式記録によれば、約24万人が亡くなった大地震である。この地震では、本震前から多くの特異現象があり、例えば虫や鳥、大小様々な動物が、大移動等の特異な行動をとったと記され、その後に、水とガスの異常な挙動が次の通り記されている。

> 　水も人間に警告を発していた。（中略）7月25日から26日にかけて、ガス漏れは最高潮に達し、（中略）ガスが漏れる穴の真上では、小石を空中に浮かしておくことさえできたという。（中略）井戸はそう深くなく、普段は天秤棒で水を汲めた。しかし、27日には天秤棒では水が汲めなくなっていた。それも束の間、一旦引いた水が猛烈な勢いで戻り、天秤棒どころか水桶で直接水汲みができたのだ。

　この筆者は、〝水も人間に警告を発していた〟と記しているが、水や動物だけでなく、〝ガス漏れ〟も地震前から起きており、地下ガス噴気も警告を発していた。日本だけでなく、中国等世界各地に地下ガス貯留があり、そのような場所では地震前から、地下水や地下ガスが、「炭鉱のカナリア」のように、異常を示すのであり、それらの異常は警告ととらえなければならない。

　そして、この著者は、これらの現象を「解読できなかったメッセージ」と紹介

し、「この不思議なサインのすべてを的確に分析し、対策がうたれたなら、（中略）被害を最小限に抑えることができたかもしれない。しかし、残念ながらそのチャンスは失われてしまった」と記している。この地震から40年以上経つが、唐山地震時の〝解読できなかったメッセージ〟は、その直後も、そして、今も解読できていない。

〝この不思議なサイン〟とは、地下水や地下ガスの異常な挙動及び動物の異常な行動等の特異現象であり、〝解読できなかったメッセージ〟でもある。解読のためには、先ず、「この〝メッセージ〟の発端は、遊離ガス発生による地下ガス噴気であり、それに関連して、特異現象が起きているとの発想を持つこと」が必要である。そして、どの特異現象が地震の予兆であるかを科学的に解明し、解明されたその地震の予兆を警告と理解し、その警告を活用することにより〝被害を最小限に抑え〟られ、減災を生んでいくのであろう。

(2) 地震時の特異現象

「第四章　地下ガスによる火災の実態」で記した火災時の特異現象が、大地震時、より顕著に発生しており、以下の3つの特異現象について記す。火災と同じように、いずれも地下ガス噴気が関係していると考える。

(a) 爆発的火災
①関東大震災

関東大震災時、爆発のような不可解な現象が目撃され、そのほとんどは「薬品等による爆発」或いは「火災旋風」として説明されている中で、単純な爆発によると思われる報告がある。その一事例が『震災予防調査会報告　第百号』（注5-6）に記された一人の巡査の報告である。

> （震災当日午後）四時前後国技館の方に妙な音が聞こえ、黒烟の柱が立上ったので龍巻かと思った。（中略）橋元の倒れかかって居た家が一度に爆発的に燃え出した。自分は橋桁につかまって居た。路上の荷物が燃え出すのを見た。（以下省略）

この巡査は、隅田川に架かる新大橋のたもとの派出所で、この光景を目撃した。

その地点（参照：図 5-4）は、大火が発生した被服廠跡地の南方約 1km にあり、時刻は 9 月 1 日午後 4 時頃と記されている。つまり、被服廠跡地で大火災が発生した頃、その近くで、〝家が一度に爆発的に燃え出し〟また、〝路上の荷物が燃え出〟したのであり、それらが燃え出した原因は、この付近の地下にもガス貯留があり、被服廠跡地と同じような現象がその周辺でも発生したと考える。

②福井地震（1948〈昭和 23〉6　28、M7.1）

福井地震でも、多様な爆発的火災が記録に残されている。震源であった旧丸岡町（現坂井市）の『お天守がとんだ　丸岡町・福井大震災追想誌』（注 5-7）には、地震発生時、表題が示すように激しい震動があり、火災の状況は「町は燃え盛り、火薬の爆音のような音が鳴り響いていました」と記されている。福井市内でも、「瞬時に大火災となり強力なる火勢」と表現されるような火災があり、それらの出火原因は、危険薬品、マッチ等の発火と報告されている。しかし、それら爆発的火災が、どのように発生したか、必ずしも検証できていない。

（b）特異な炎

関東大震災時、特異な炎が数多く報告されている。『関東大震災体験記録集』（注 5-8）より、その一つ、遠望からの目撃証言（旧滝野川町田端からの目撃）を抜粋する。

> （震災当日）午後四時頃、東南の方面に入道雲が発生した。入道雲は見る見るうちにむくむくと天上に盛り上り、今度はその入道雲をつんざき火柱が何本も立ち昇り丁度絵図に見る荒天に昇る竜のようなすさまじさであった。
> （以下省略）

この目撃証言のあった田端（現東京都北区、参照：図 5-4）の東南約 6km に、大火災が発生した被服廠跡地がある。時刻は地震発生日の午後 4 時頃とあり、この目撃者は、被服廠跡地で発生した地下ガス噴気による火災を約 6km の遠方から見ていたのであろう。当時、地下ガス貯留は分かっておらず、〝入道雲をつんざき火柱が何本も立ち昇り……すさまじさ〟が、どのような自然現象によって起きたか、推測さえも出来なかった。地下ガス噴気箇所が数か所あり、その付近の火気を発火源として、何本もの巨大な火柱が生じたと考える。

なお、高く上る炎の発生が報告されている中で、その炎が竜巻のように発生していたのであれば、その発生原因は火災旋風であった可能性もあるが、その炎が火柱と表現されることが多く、その火柱の発生原因は、火災旋風でなく地下ガス噴気であった可能性が高いと考える。

> **参考　５-２　新潟県十日町市周辺での地下ガス貯留と課題**
>
> 　新潟県では、地下からガスがふき出ていることは古くから知られていて、江戸時代発行の『北越奇談』には、そのガスを燃料として家の中で使用していたことが記されている。地下のガスは竹の管で家に引き込まれ、その先に火を付けて使用されており、その様子が、同書の「入方村火井の図」に示されている（参照：「図5-3　ガス井戸とふき出し続ける炎」）。本図では、竹の管が４つに分岐され、４つの炎が描かれている。
>
> 　現代でも、新潟県十日町市蒲生地区の一角には、泥火山（泥火山：「**天然ガスが水とともに泥を噴き出して作った小丘。火山に似た形を有する。油田地方に多い。**」広辞苑より）があり、その付近には、上記『北越奇談』に記されているような方式で、長期間天然ガスを使用し続けている家屋がある。その概要を以下に記す（参照：図5-3）。
>
> ①家屋の付近には、泥火山が数か所あり、水が溜まっている複数の地点で気泡が出ていて、地下ガスの自噴を目視で確認でき、その内の１か所に天然ガス井戸がある。
>
> ②家屋はそのガス井戸より高い場所にある。その高低差とガスが空気より軽いことを利用し、ガス井戸から家屋までホースを引き、ガスが自然に流れるようになっている。
>
> ③家屋に引込まれたガスは、安全のため、常に燃やされている。一般のガスコンロの炎の形状が円錐状であるのに対し、その炎は、『北越奇談』の「入方村火井の図」に描かれているように、長く、そして青色である。
>
> 　この蒲生地区だけでなく、周辺の地区にも泥火山があり、この付近一帯の地下深くには広くガス貯留がある。その貯留は、地表に特異な噴気を生じさせるだけでなく、地下深くでも特異現象を生じさせることがある。上記天然

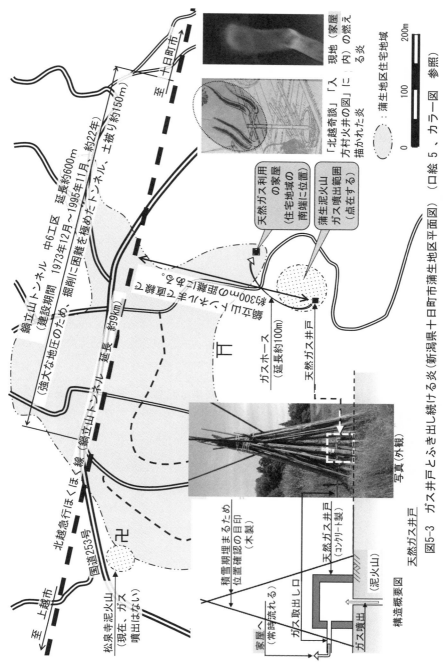

図5-3 ガス井戸とふき出し続ける炎（新潟県十日町市蒲生地区平面図）（口絵 5、カラー図 参照）

鍋立山トンネル 中6工区 延長約600m 1973年12月～1995年11月、約22年
（建設期間 強大な地圧のため、掘削に困難を極めたトンネル、土被り約150m）

鍋立山トンネル 延長 約9km（北越急行ほくほく線）

国道253号

至 上越市

松泉寺泥火山
（現在、ガス
噴出はない）

卍

天然ガス利用
の家屋
（住宅地域の
南端に位置）

蒲生泥火山
ガス噴出範囲
（点在する）

地下300mの天然ガスをためて利用

天然ガス井戸

ガスホース
（延長約100m）

現地（家屋
内）の燃え
る炎

「北越奇談」「入
方村火井の図」に
描かれた炎

：蒲生地区住宅地域

0 100 200m

写真（外観）

天然ガス井戸

構造概要図

積雪期埋まるため
位置確認の目印
（木製）

ガス取出し口

天然ガス井戸
（コンクリート製）

ガス噴出

家屋へ
（常時流れる）

（泥火山）

至 十日町市

五章 地下ガスによる火災と地震の関連性

147

ガス井戸設置地点の北方約 300m には、図 5-3 に示す北越ほくほく線（鉄道）があり、その鉄道トンネル（名称：鍋立山トンネル、地下約 150m）工事中に特異現象が生じた。その深さ約 150m の地層には高いガス圧を内在する強大な地圧があり、その地圧によって、このトンネル掘削中にトンネル掘削機が約 70m 押戻される等、多くの特異現象が発生し、工事は困難を極めた。このトンネル全長約 9km の内、強大な地圧があった約 600m の区間の工事に、22 年の歳月（竣工 1995 年）を要した。

　この条件を見落とすと、自然が私たちに危害を与えるような現象が生じ、事故が起きる。2012 年、十日町市から南魚沼市に至る道路トンネル（名称：八箇峠トンネル、十日町市蒲生地区の東南東約 22km）工事中に、トンネル坑内で爆発により作業員が死亡する事故が起きた。その事故原因も地下ガス貯留箇所からの噴気であった。

(c) 水底面の痕跡と液化流動
①河底の痕跡

関東大地震時、河底に発生した大亀裂が、「**多摩川大亀裂河底に発見**」と題した見出しで、1923 年 9 月 12 日、新聞（報知新聞夕刊）に掲載された。

> <u>川崎町</u>（現神奈川県川崎市）**東海道六郷橋は屈曲して通行危険であること**から工兵隊が出勤して 8 日夜応急修理を施し（中略）　陸軍省では潜水夫に多摩川を調査させた処　河底に大亀裂を生じていたことが判明した。

②海底の痕跡

東日本大震災後の 2011 年 3 月 13 日、新聞（産経新聞）に、東京湾に海底面が隆起した状況写真が掲載された。その隆起形状は、お椀を伏せたようであり、海面上にいくつも現れ、その説明文には「**地震直後　船橋市の三番瀬は地表が隆起したり大きな地割れを起した**」と記された。

〝<u>川崎町東海道六郷橋</u>〟及び〝<u>船橋市の三番瀬</u>〟は共に南関東ガス田の一角にあり、この 2 つの記事は、河底・海底等でも、陸上と同じように、液化流動が起きていることを示していると考える。これまで、このような水面下での液化流

動はほとんど報告されず、検証の対象になっていなかった理由は、その現象が起きても見えないこと、そして、その被害が顕在化していなかったためであった。また、水面で噴水のような現象も報告されることがあるが、これらも液化流動によっている。

　私たちは地表面で発生する液化流動現象に着目し、調査・研究をしてきたが、水底面と地表面では、その他の条件が同じであれば、地表面より水底面の方が地下ガス噴気は起きやすく、液化流動現象も同じように起きやすいと考えられる。その理由は次の通りである。

　ガスは地下に貯留され、その上部への移動は地盤によって阻止されているが、何らかの理由で地上と地下の圧力差が大きくなると、その阻止ができなくなり、地下ガス噴気が起きる。地下ガス噴気を阻止する抵抗力は、上部の地盤の厚さ（高さ）及びその透気性によっており、その地盤が薄い（地盤が低い）ほど、また、透気性が大きいほど、その抵抗力が弱い。そのため、地盤が低い水底面では、噴気が起きやすく、噴気による液化流動も起きやすくなる。同様に、地震時、水面での噴水のような現象も、地表面に比べて水面上に発生しやすい。

　水面上に発生する地下ガス噴気（気泡）及びそれに伴う噴水は、地震時の液化流動等の実態を示す貴重な現象であるが、直ぐに消えてしまうため、そのような記録を取ることは容易ではない。しかし、「参考　2-3　地下ガス噴気の痕跡」に記した湖底釜穴のように（参照：p73）、その水底面には、そのような痕跡が残り、その痕跡は、貴重な記録でもある。今後は、液化流動の調査・研究には、地表面に発生した噴出孔に焦点を当てるだけでなく、水面上及び水底面に生じる現象等も対象とすべきであろう。

参考　5-3　関東大震災後の復興計画と課題

　関東大震災後、「公園は常時においては休養娯楽の場所として、非常時における防火、避難、救護のために都市構成上必要欠くべからざる施設である」との考えに基づき、隅田・錦糸・浜町の3つが復興公園として、当時の東京市内に計画された。それらの公園は、現在都民に親しまれていると共

五章

地下ガスによる火災と地震の関連性

に、災害時の避難場所として指定されている。

　震災後のこれら公園の計画・実施等が、『帝都復興史　第三巻』(注5-9)の「第八編　復興の公園」に記載されている。その記載の中に、帝都復興院評議員の一人であった渡邊鉄蔵氏から、公園計画に関する課題が次の通り指摘されていた。

> 　**川沿には旋風が生じ易いから川に沿って公園を設定するは人を集めて殺す場所を作るに均しい、とさえ極論する者がある。**（中略）地震学者は例えば浜町公園の如きは最も危険にして、往昔（往昔：「過ぎ去ったむかし」広辞苑より）明暦大火の際この辺に於て数万人の死傷者を出したるは必ずしも偶然でないと説き、川沿いの公園設置に反対している。（以下省略）

　ただし、同氏は「**地震学者が余りに心痛しているため義務として取次いだに過ぎない**」と発言していた。当時、川沿いの公園が危険であると指摘していた一人が、前掲の寺田寅彦氏である。同氏は震災後の「震災予防調査会報告　第百号」で、関東大震災最大の被災地・被服廠跡地で発生したと考えられた火災旋風に関して、次の通り報告している（参照：「図5-4　震災予防調査会報告　第百号　火災旋風〈被服廠跡地〉想定図」）。

> 　（火災）旋風の起り易い、又見舞ひ易い場所があるらしく見える。特に火流の前線に湾入を生じた箇所に起り易く見える。（中略）被服廠跡の如き広い空地の存在は、特に其れが河岸に近いような場所には、稀有な大火の際に再び今回の如き現象を招致する機会を与えるものではないかと疑われる。（以下省略）

　報告のように、この旋風発生の原因は明らかでなかったため、公園計画の修正意見等が出されたものの原案が認められ、その計画は実施され今日に至っている。

　上記発言をした渡邊氏は、公園の近代化・拡大に貢献した人物であり、震災前から、公園の拡大の必要性を強く説いていた。当時、火災旋風に関しては、学者の指摘もやや漠然としており、同氏自身も同じようであったと思わ

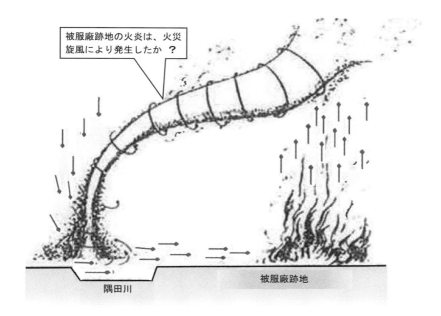

被服廠跡地の火炎は、火災旋風により発生したか ？

隅田川

被服廠跡地

東京都北区田
端より（約6
km先）
この付近上空
に火柱が何本
も見える。

```
   想    定
━━━━━ ：火流前線の湾入 ？
```

この付近の南
割下水で水が
1mふき上がる。
（液化流動
現象発生）

被服廠跡地
（約 7万m²）

新大橋で
（約1km先）
家が爆発的
に燃える。

隅
田
川

当時の掘割

現両国駅

現JR総武線

（火災旋風関連以外は、
筆者が加筆・修正）

図5-4　震災予防調査会報告 第百号　火災旋風（被服廠跡地）想定図

れる。当時としては、やむを得ない選択であったのであろう。

　〝川沿いは旋風が生じ易い……人を集めて殺す場所を作るに均しい〟との指摘は、当時未解決のままではあったが、忘れ去られていたわけではない。1981年発行の「東京公園文庫」の一つ『隅田公園』（注5-10）には、この公園の由来を記載した後、「**もっとも、公園・広場は必ずしもすべて<u>安全な避難場所</u>であったわけではない。事実、よく知られているように、被服廠跡に避難した五万人**（被服廠跡地1か所での死者数は突出して多く、その数に諸説あるが、本書では3万6千人に統一している）**については、その大半が焼死するという大惨事を招いているのである。**」と記されており、被災後58年を経て出版された本でも、この公園は〝<u>**安全な避難場所**</u>〟ではないと指摘されていた。

　しかし、被災後約100年を経て、最近、計画時に指摘された公園の防災上の問題点が軽視されるだけでなく、誤って理解され、これらの公園計画を称賛するような報告が、散見されることさえある。

　そもそも、これらの公園は、関東大震災クラスの地震が発生した場合、本書で示す地下ガス噴気の発生の有無に関係なく、当時被服廠跡地で起きた大惨事が再び発生する可能性が高いと考えられる。その理由は、次の2つである。
①被服廠跡地の大惨事は原因不明のままであり、その対策が立てられていない。
②仮に、大惨事の原因が火災旋風としても、その発生原因も分かっておらず、対策も立てられていない。
　大惨事が起きる危険性に対して、何も対策が立てられていない現状を考えれば、これら公園を称賛するようなことは、厳に慎まなければならない。
　現在公園となっている被服廠跡地の大惨事の原因は不明であり、類似条件の公園は、東京都内に数多くある。それら公園等が綺麗に整備されている現状を見ると、そのような危険性は全くないように錯覚してしまう。現在、広い公園等が地震時の避難場所として指定されているが、人が密集してしまえば、危険であると指摘されているだけでなく、地下にガス貯留がある地域の公園は、整備されていても表面だけのわずかな深さであり、避難場所でなく、

危険な場所になる可能性が特に高いと考える。これら公園の危険性は、当初から指摘されていたが、約100年間、解決されず取り残されており、見直しは不可欠である。

地震時の特異現象は、通常火災時の特異現象に似ているが、その現象は地震時の方が規模が大きい。その理由は、通常火災時の地表と地下の圧力差は、気圧低下によって生じるのに対し、地震時のその圧力差は、遊離ガス発生に伴う地下水圧の増加によって生じており、地震時の方が大きいためである。

火山噴火は、地下に大きな圧力が生じることによって発生していると「3.3 地下ガス噴気と科学技術及び火災」に記したように、地震時に地下水圧が増加する現象は、火山噴火と同じタイプの現象であり、地震時、特異現象が顕著に生じている。

▼5．2 「再液状化」と再燃火災

（1）一度あることは二度ある

「一度あることは二度ある」は、事故や災害があると、よく使われる言葉である。辞書では、「**物事が一度起こると、同じような事が続いて起こる。物事の繰り返し起こることをいう**」（『日本国語大辞典』〈注5-11〉より）となっているが、〝繰り返し起こる〟ことは同じでも、災害に関しては、異なる次の2つの意味がある。

①再発防止対策が立案・実施され、災害直後はその管理は適切に実施されるが、時間が経つと共に、その管理がおろそかになり再発する。

②もう一つは、再発防止対策が立案・実施されるが、その災害原因には見落とされた重要な要素があり、対策はその要素に合致しておらず再発する。

前掲の寺田寅彦氏は「**天災は忘れた頃にやって来る**」という防災に関する格言を残していると言われていて、その格言は、広辞苑にも記され、「**天災は、起きてから年月がたってその惨禍を忘れた頃に再び起こるものである**」とあり、①とほぼ同じような意味がある。しかし、同氏は似たような文章を書き残しているものの、この格言は残していない。自然災害である天災は、自然の法則に従って頻発しているとの考えに基づき、災害を調査・研究しており、科学者である同氏は、

②によって起きる天災があることを、むしろ、重視していたのではないだろうか。

　自然災害は、①による場合も多いが、②によって発生することがあり、その一つの例が出火原因不明の火災で、その原因が地下ガス噴気であることが見落とされていた。②によって発生する災害は、再発防止策が適切でなく、以下、このような災害を「**再発防止策が不適切な災害**」と記す。

　「再び」との用語が用いられている災害は、何度も繰り返される。その代表例が「再液状化」と再燃火災であり、〝天災は忘れた頃にやって来る〟のでなく、「再発防止策が不適切な災害」は、何度でも忘れる前に繰り返されている。

（2）「再液状化」

（a）ニュージーランド、クライストチャーチの事例

　地震時の「再液状化」は、世界各地で起きている。代表的な地域は、クライストチャーチ（被災当時、ニュージーランド第二の都市）であり、東日本大震災があった年の2011年に地震があり（同年2月22日）、その地震を含み、前後で計4回、大きな地震に見舞われ、その度に液化流動現象が生じた。地震後の被災地の状況は大きく変化したが、世界各地の経時的な変化が確認できるグーグルアースによって、その状況を確認する。その被災地の一画の特徴的経過を示す画像は「図5-5　クライストチャーチ地震により液化流動被害を受けた街の変遷」に示す通りであり、以下、そのポイントを記す。

　この地点は、市の中心から北東約6kmにあり、本震直後、道路等に土砂が噴出し、液化流動が発生したことが写っている（写真①）。その後、土砂は撤去され、この画像では、多くの住宅に変状がなかったように見える（写真②）。しかし、地震による「再液状化」等の影響もあり、地震から約2年後、住宅が撤去され始めた様子（写真③）が、そして、5年後の2016年、住宅が撤去され、緑地の中に街路だけが入り込んだ不思議な様子（写真④）が確認できる。このような状況は、図5-5に示した範囲だけでなく、クライストチャーチ市内を蛇行しながら緩やかに流れるエイボン川の両岸、延長約10kmの範囲に広がっている。その広い地域は、何度も起こる「再液状化」を避けるため住宅再

写真① 2011/2/23 地震発生直後

クライストチャーチ市内を、蛇行しながら緩やかに流れるエイボン川（川幅 約35m）両岸に住宅が立ち並ぶ。

道路等が液状化し、土砂の噴出が見える。

100m

写真② 2012/4/26
地震発生後 約1年2ケ月

・クライストチャーチ市の中心から北東へ約6kmの地点
・写真②、③の縮尺は、写真①、④に対して50%

写真③ 2013/1/30
地震発生後 約2年

住宅が撤去され始めた。

液状化した道路上の土砂が、撤去されている。

この画像では、住宅等に変状がなかったように見える。

写真④ 2016/2/9 地震発生後 約5年

地震発生約5年後、この範囲以外の広い地域でも住宅が撤去され、その地域では住宅再建が断念された。

緑地の中に街路だけが入り込んだ不思議な様子

エイボン川両岸の住宅がほとんど撤去された。

図5-5 クライストチャーチ地震により液化流動被害を受けた街の変遷
（口絵 6、カラー図 参照）

五章

地下ガスによる火災と地震の関連性

155

建が断念され、緑の多かった住宅地が、更地となっている。

(b) 新潟県刈羽村の事例

日本でも、多くの地震で「再液状化」現象が確認されている。その一地域が新潟県刈羽村であり、刈羽村の一部は東京電力の柏崎刈羽原子力発電所の用地になっていて、その近くで「再液状化」が発生した。具体的には、新潟地震（1964年）で液化流動現象が発生し、その後、2000年代の2度の地震、中越地震（2004 10 23、M6.8）及び中越沖地震（2007 7 16、M6.8）でも発生した。文献「刈羽村刈羽（稲葉）地区における液状化等による建物・宅地被害の再建課題」（注5-12）で、中越地震の3年後に発生した中越沖地震時の「再液状化」によって、住宅再建に関する〝三重ローン〟が懸念されると、次の通り記された。

> 当地域では、中越地震により被災し、新築や大規模な改修を行うことにより住宅再建した事例が散見される。この過程において、住宅再建に関するいわゆる二重ローンを抱える世帯が発生したと思われるが、今回の被災（中越沖地震）で場合によっては三重ローンになる可能性も懸念される。

また、クライストチャーチのようにその地での住宅再建を断念し、移転も選択肢として検討されたようである。この刈羽（稲葉）地区は、JR刈羽駅の西側であり、この駅と柏崎刈羽原子力発電所との距離は約750mで、その間に位置している（参照：第七章　図7-1　柏崎刈羽原子力発電所及び旧高町〈刈羽村〉油田付近の概要平面図）。なお、刈羽村での新潟地震を含む地震時の液化流動現象に関しては、第七章に追記する。

地下ガス貯留があれば、地震動の影響を受け、地下ガス噴気が発生し、その噴気によって液化流動現象が生じる。大地震の度に、クライストチャーチや刈羽村に発生する「再液状化」は、「再発防止策が不適切な災害」であろう。

(3) 再燃火災

火災鎮火後、再び火災になることが再燃火災と言われている（再燃：「一度火の消えた状態から再び燃え出すこと」広辞苑より）。消防の再燃火災防止規定等で、「再燃火災は絶無を期さなければならない」と記され、その対策は講じられても、

再燃火災が発生している。阪神・淡路大震災時にも数多くあったと報告されているが、ここでは山林火災である次の一例を記す。1987年4月岩手県釜石市で起きた山林の再燃火災であり、当時の新聞記事（1987年4月25日　岩手日報朝刊）より抜粋する。

> 　23日午後5時50分鎮火したとみられていた釜石市の山林火災は、24日午前10時10分すぎ鏡、新浜町の燃え跡3カ所から再び燃え出した。

　この再燃火災前に、「4.2（2）同時多発火災」で記した1983年の東北山林火災（事例　No.12）（参照：p117）」と同じように多くの火災が起きており、再燃火災発生数日前からの一連の火災発生状況は次の通りであった。

　先ず、再燃火災発生の3日前の4月21日、「1.3　糸魚川市の自然条件」で記した糸魚川市美山地区で山林火災（参照：p45）が発生した。その日から翌22日にかけて、新潟から東北地方にかけて低気圧が西から東に進むに従い、火災が多発した。上記の釜石の山林火災はそれら火災の一つで、再燃火災発生の2日前の22日15時頃発生した。その翌日、つまり再燃火災発生の前日の18時頃その山林火災は一度鎮火した。しかし、新聞記事の通り、その約16時間後、3ケ所から出火し、再燃火災となった（参照：図5-6　1987/4/21～25釜石再燃火災時の気圧変化図）。

　この再燃火災の失火に関しては、消防側の過失が裁判で争われ、「再燃山林火災訴訟　―盛岡地裁平成8年12月27日判決―」（注5-13）にその概要が紹介されている。判決は「重大な過失なし」であったが、その概要の中で、地中火（地中火：「**地中の可燃物が燃焼するタイプの火災。土壌の内部にある泥炭層あるいは石炭層が燃える火災も地中火である**」『防災事典』〈注5-14〉より）が取り上げられており、「地中火が発煙、残火の再燃により火災が発生」と記されている。そのような当時の状況を、明らかにすることは困難であろうが、その時の気圧変化等から想定すると、再燃火災の状況は、以下の通りと考える。

五章

地下ガスによる火災と地震の関連性

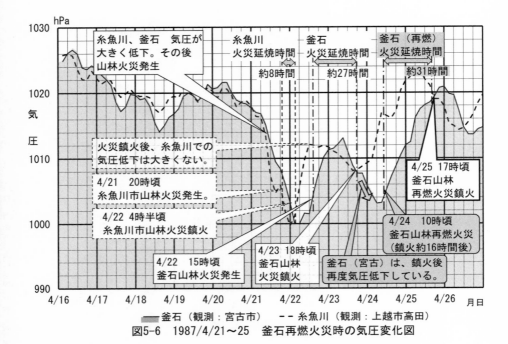

図5-6　1987/4/21～25　釜石再燃火災時の気圧変化図

再燃火災状況と想定（参照：図1-9、図5-6〈ただし、図1-9は第一章に掲載済〉）

①火災発生

　火災状況：低気圧が日本海を通過し、気圧が低下。4月22日15時頃、釜石で出火（最低気圧　1,000hPa）。

　想定：気圧低下に伴い、地下ガス噴気が発生。そこに発火源があって出火。

②火災鎮火

　火災状況：低気圧が遠ざかり、気圧が上昇。4月23日18時頃、一度鎮火。

　想定：気圧上昇（最高気圧　1,013hPa）により、地下ガス噴気は沈静化。消火活動により鎮火。

③再燃火災発生

　火災状況：別の二つの低気圧が日本海と太平洋沿岸を進み、気圧が再び低下。4月24日10時頃、再燃火災発生（二度目の最低気圧　1,003hPa）。

　想定：気圧低下に伴い地下ガスが再噴気。残火（或いは地中火）が発火源となって、地下ガスに引火し、再燃火災発生。

残火・地中火等不明な点もあるが、今後も類似の再燃火災が起きる可能性があり、この火災も「再発防止策が不適切な災害」と考える。そもそも、この訴訟の概要の中で「**今回、紹介する山林火災に関する再燃訴訟に関しても、消防署員の不手際による<u>失火</u>については……**」と記され「**被告（消防署員）らが鎮火を軽信したことにつき<u>過失</u>がある……**」となっているが、地下ガス噴気と発火源としての残火（或いは地中火）とが関係している可能性があることを考えれば、〝**失火**〟及び〝**過失**〟ととらえるべきなのであろうか？　今後、このような視点からの検証が必要であろう。

(4)「再液状化」と「地下ガスによる火災」の一致と相違

再燃火災は地下ガス噴気によって発生することがあると考えられる。つまり、その再燃火災は「地下ガスによる火災」であり、「再液状化」と比較する。

(a) 発生原因と再発の一致

地下ガス貯留があっても、その貯留上部が不透気性の地盤で覆われていれば、ほとんど噴気することはないと一般的には考えられている。しかし、その地盤には、ボーリング孔や井戸或いは地震動で生じた噴流脈等の地質的弱部があり、「再液状化」及び「地下ガスによる火災」は、これらの弱部で噴気が発生し、再発すると考える。

このような弱部は、地下に埋もれてしまい、見落とされていることが多く、自然現象によってできる噴流脈も、限定的な点（例えば、直径15cm程度）で行われるボーリング調査等では、これまで発見されることはほとんどなかった。しかし、広い範囲で平面的（例えば、縦横、数10mの広さ）に行われる遺跡の発掘調査等によって、近年、噴流脈は、多数発見されるようになっており（参照：後掲の「参考　6-5　弘仁地震と液化流動現象」）、再発に関係している。

過去に液化流動があった地点で再び生じると、一般に「再液状化」と言われるが、過去の液化流動の記録が「文字」の史料として残っていないだけであり、ほとんどの液化流動とは、「再液状化」であると考える。確かに、埋立地等の新らたに造成された地盤では、埋立て後、初めて液化流動が発生するケースもあるが、

その埋立て前、つまり、その土地が湖沼・河川、或いは海であった時期に、液化流動が生じていたと考える。同じように、「地下ガスによる火災」も、同一地点で類似の火災は過去に発生していたと考える。

(b) 被害発生の相違

「再液状化」と「地下ガスによる火災」の発生原因は一致していても、その被害発生には大きな相違がある。

「再液状化」は、地下ガス噴気量が多いほど、その地盤の乱れが大きく、その被害も大きくなる。逆に、地下ガス噴気量が少ないほど、その地盤の乱れは小さく、被害も小さい。これは、他の自然災害でもほぼ同じで、災害要素が大きいと被害が大きくなり、その要素が小さいと被害は小さくなる。

一方、「地下ガスによる火災」の被害発生は、地下ガス噴気量によらない面があり、地下ガス噴気範囲の発火源の有無が、その被害に大きな影響を与える。次の2ケースで説明する。

① 大量の地下ガス噴気があっても、そこに発火源がなければ、火災にならない。場合によっては、そのような状況であったことさえも、私たちは気づかない。

② 逆に、地下ガス噴気量が微量であっても、そこに発火源があり、かつ、大量の可燃物がその付近にある場合、火災が発生し大惨事となる。

参考 ５−４ 「地下ガスによる火災」の特異性と証言

(1)「地下ガスによる火災」の特異性

自然災害の代表例が大雨による洪水であり、その誘因は気象要素である降水量で、素因には河川堤防の破堤等があり、浸水等の被害が生じる。一方、「地下ガスによる火災」の誘因は気象要素である気圧で、素因には発火源があり、火災が生じる。

両災害は気象災害であるが、大きな違いがある。洪水が発生する場合の「降水量」「堤防の破堤」「浸水」等の事象を、私たちは一つ一つ強く認識しているが、火災が発生する場合の「気圧低下」「地下ガス噴気」「発火源（電気機器等）」等の事象を、ほとんど認識できず、結果として、強烈な勢いで一瞬に生じる「火災」だけを唯一認識できているのである。このような火災

発生前の事象を、五感でほとんど感じることができないことは、他の災害との大きな違いである。

　また、堤防の破堤等による洪水は、逃げる間もなく突然に襲ってくると言われているが、さらに突発的に襲ってくるのが「地下ガスによる火災」であり、その襲来は一瞬である。

　そして、水害等の多くの災害は、毎年のように発生し、一般の方に深く理解され、その対策が実施されているのに対し、「地下ガスによる火災」は、日常的に発生している可能性があるにもかかわらず、迷宮入りしたままで今日まで理解されず、対策が検討・実施されていない。

(2)「地下ガスによる火災」の証言

　「地下ガスによる火災」は突発的に襲ってくるため、それを間近で遭遇した方は亡くなってしまうかもしれないが、関東大地震時の被服廠跡地でも生存者がいたように、「地下ガスによる火災」現象を経験している人がいて、特異現象を体験していると考える。

　これまでは、この特異な「地下ガスによる火災」は、「起こりえない事象」であると考えられていた。例えば、前掲の清水幾太郎氏は、関東大震災を経験したが、以下のように、同氏の体験談等は「起こりえない事象」とされ、取り上げられなかったと『手記　関東大震災』（前掲）に記している。

> 　私自身、色々な（関東大震災の）経験があるので、それを話すと、学者たちは、「そんなことは有り得ません」、「そんなことは理解出来ません」、「そんなことは説明出来ません」と冷たく言う。（以下省略）

　さらに、被災者の体験談が震災の事実を立証してくれるのであろうが、学者に無視された事例があるとして、第二章で記した「……窓の外の電柱がチョロチョロ燃えていた。（中略）兎に角燃えているので……」（参照：p81）を同書で紹介している。この目撃者は、震災時東京大学2年の学生で、後に寺田寅彦氏に師事し、1975年『手記　関東大震災』が出版された当時、東京都火災予防審議会会長であった田中金市氏（元消防研究所所長、在職期間1962～1971年）である。同氏は自身の震災体験に基づいて判断したか明らか

でないが、地震時の避難場所として指定されている広い公園は、人が密集してしまえば危険であると、防災拠点のあり方に疑問を持っていた一人である。

　この体験談を含め、地下ガス噴気に関係する多くの貴重な証言があったが、これまで〝理解出来ません〟とされてきたのは、証言した人も、証言を聞いた人も、「地下ガスによる火災」の真相を理解していなかったためであろう。

　このような特異現象を、実験で再現し、解明することも重要であるが、その現象は多様であり、正確な再現による解明は容易でない。「地下ガスによる火災」は日頃から起きている可能性があり、その特異現象を見た人の体験談は貴重であり、地下ガス噴気の実態解明に欠かせないと考える。先ず、その体験談を、〝理解出来ません〟とせず、「地下ガスによる火災」の因果関係を理解し、その体験談等を積極的に収集すべきである。

(3) 地震火災・津波火災（通称）との関連性

(a) 地震火災

　〝理解出来ません〟と言われるような体験談にこそ、真実が潜んでいると考える。『手記　関東大震災』（前掲）には、一例として「**余震の続く中を、（中略）不気味な地割れの続く南割下水のそばを通ったとき、ひときわ大きな余震が来た。割下水のどす黒い水が 1m も吹き上がり、真白な飛沫を道路に打ちつけた**（以下省略）」と記された体験談もある。これは、被服廠跡地付近での体験であり、整理すると以下の通りとなる。先ず、その時の条件である。

①この人は、地震発生後、両国に向かう途中、南割下水付近（被服廠跡地脇）でこの体験をした。

②この南割下水は、当時、被服廠跡地から錦糸町に向かって流れていた幅２間（約3.6m、参照：図5-4）の掘割（現在掘割は埋立てられ、東京都墨田区の北斎通りとなっている）であった。

③この体験時、この付近では、まだ、大きな火災は起きていなかった。

　そして、この証言から読み取れることは、次の２点である。

１飛沫とは、飛び散る泡であり、〝**真白な飛沫**〟を含んだ掘割の水が 1m ふ

き出す現象は、地盤の液化流動により、ガスを含んだ地下水が、河底下で圧力が高くなることによって生じていた。

②この時には、火災は発生していなかったが、このガスのふき出しは、その後に発生した被服廠跡地等での火災発生の原因であった。

その時点での真白な飛沫のふき出しは私たちへの警告であり、この体験談は「地震発生後の火災は地下ガス噴気が原因であること」を証言していると考える。

(b) 津波火災 (通称)

地震時には、津波が発生し、それに伴って発生する火災を津波火災と言っているが、既に「3.3　地下ガス噴気と科学技術及び火災」に記したように、それは地震火災であり、津波そのものは出火原因に直接関与していないと考える。その理由は次の通り。

　地震発生後、地下水層にガスが溶存する沿岸地域では、地震に伴って海から津波が襲来するだけでなく、地下ガス噴気がある。津波による浸水面上に、火災が発生すると、五感で強烈に感じる津波が火災の原因であると短絡的に思い、津波火災と称していただけで、真の原因は五感で感じることのできない地下ガス噴気である。そして、地下ガス噴気があっても、そこに発火源がなければ火災は生じず、地下ガス噴気は認識されることはなく、ただ、津波が発生したと理解されていた。

実際、東日本大震災の時、津波浸水面に噴水が生じている映像が撮られている。その地点で、火災は発生していないが、震災後、地盤の「液状化」が確認され、復旧工事と液状化対策工事が行われた。この噴水が、どのようにして生じたか明らかになっていないが、地盤の「液状化」に伴うガス噴気によっていると考えられる。その地点では、津波浸水面上、推定高さ約20mの巨大な噴水が発生しており、YouTube（注5-15）に映っていて、20秒間ほぼ継続して発生している。「図5-7　津波浸水面での噴気・噴水状況図」は、その映像の1コマである。ただし、浸水面以深は想定図である。

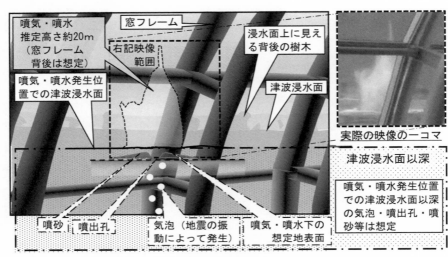

図5-7　津波浸水面での噴気・噴水状況図　（口絵　7 カラー図　参照）
（YOU TUBE、ANN　NEWS、視聴者提供画像より）

　そして、この噴水は、海底火山爆発時に、海水が噴き上がる現象と類似しており、「噴水」でなく「水柱」と称され、〝水柱〟は多数記録されている。その一例が、1973 年、西之島（東京都小笠原諸島西方約 130㎞に位置する）の海底噴火であり、『海底火山の謎』（注 5-16）で、図 5-7 に似た画像が掲載され、「海中噴火の爆発の模様」の項で、その画像の説明として、「**大量の火山灰などを含む黒色の水柱が海中から発射され、これが急激にのびて、高い時には 200 〜 300 メートルに達する**」と記されている。図 5-7 の噴水（＝水柱）は、火山灰を含まないため、白色であるが、火山噴火と同じように、地下ガス噴気が大きく影響して、発生していると考える。

　津波は地表に生じる液化流動の痕跡を含め、地震被害の痕跡をほとんど押し流してしまうが、津波火災の発生過程で、或いは液化流動を含むその痕跡の中に、少なくない人が、上記画像のような〝理解出来ません〟と言われる現象を目撃していると思われる。その目撃が事実であれば、その時の体験談が、その火災解明に役立つ。
　また、津波火災の目撃者だけでなく、地下ガスによる火災や地震火災の目

撃者も、その各々の火災が地下ガス噴気によって生じるとの発想を持ち、その体験談を積極的に発信することが重要であると考える。

　例えば、糸魚川大火時、〝爆発音のような音が聞こえた〟との記事が載ったことは既に記した通りであり、この記事の内容がどのようにして起きたのか解釈できなくても、現場で起きた現象を正確に伝え、書き記すことが重要である。解釈できなくても、或いは極端に言えば、誤って解釈されても、その現象が事実であれば、その事実の重要性は、後日、理解され、現象解明の重要な証拠となる。誤って解釈された例として、関東大震災時のガス噴出があり、その現象はガス管からの噴出と解釈されていたことは無駄でなかったと考える。同じように、糸魚川大火や函館大火の原因を地下ガスと本書で解釈したことは、誤りである可能性があるが、無駄でないと考える。

　大事なことは現場で起きたことを正確に書き記し、残すことであり、解釈には常に誤りがあると理解し、解釈の誤りに気づいた時点で、速やかに見直せば良いと考える。

「液状化」は、地震動により地下ガス噴気が生じ始めてから、その被害を抑えようとしても、その被害を抑えることはほぼ不可能である。一方、「地下ガスによる火災」は、地下ガス噴気が生じ始める前、或いは上記の飛沫を含んだ水のふき出しはその予兆であり、そのような予兆の後からでも、私たちが適切に対応することによって、被害を抑えることが可能である。その点で、両者に大きな相違がある。

　このような相違は、既に記した各災害の誘因と素因によっている。「地下ガスによる火災」の被害は、誘因である地下ガス噴気による面もあるが、その被害が実際に生じるかは、素因である発火源によっている。この素因は、私たちの対応によって取り除くことが可能である。つまり、私たちの普段からの心掛けによっても防ぐことのできる災害である。

「再液状化」と「地下ガスによる火災」は、地下ガス噴気が関与している点で、科学的に関連性があるように、他にも類似する関連性のある分野がある。これまで、それら関連性が明らかでなかったのは、地下ガス噴気が、情報の嵐の中に掻

き消され、見落とされていたことによる。地下ガスによって発生する自然現象は多様で複雑であり、その地下ガスによる災害の減災のためにも、互いの関連性を理解する必要がある。次章に、その関連性のある分野で、史料に基づく解明を行うとともに、新たな科学的検証を記す。

第六章

学際的取組み

　地下ガス噴気が関連する色々な分野があり、その中には解明されていない現象が数多くある。それらは互いに科学的に関連性があり、一つの現象解明が、他分野の課題を明らかにし、その解明に繋がると考える。関連性のある分野を示すと共に、新たな科学的視点から過去及び現在の火災を検証する。

▼6．1　地下ガス噴気と関連分野

(1) 表面張力の動的特性（ヒステリシス）

　水はもっとも身近にある液体であるが、不可解な挙動を示すことがある。不可解な挙動の一例が、「水滴の載るガラス面の滑落角を変化させることにより、その水滴が動いたり止まったりすること」である。この挙動が、地下水や地下ガス等の間欠的な動き、例えば液化流動現象等に影響している。

　このような水の動きについて『環境地下水学』（注6-1）の「流体の表面張力」の項に、次の通り記されている。

　車の窓ガラスを雨滴が落下する時のように、傍斜した固体（ガラス面）に水滴を落とすと、前進側の接触角は後退側の接触角より大きくなる。これは、接触角にヒステリシス（ヒステリシス：「一般に、ある量の大きさが変化の経路によって異なる現象」広辞苑より）があるからである。多孔体間隙を水分が移動する場合も、（中略）ヒステリシスが発生する。

　〝接触角〟と〝傾斜した固体〟の滑落角は、「図6-1　表面張力のヒステリシス（水滴の場合）」に示す通りで、前進側の接触角が後退側の接触角より大きくなる。

　水滴が、図6-1 に示すように、丸くなるのは水の表面張力によっており、その

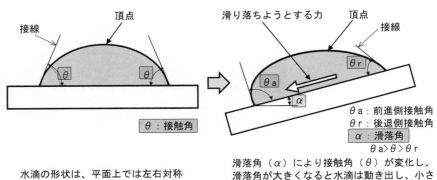

図6-1 表面張力のヒステリシス（水滴の場合）

表面張力とは、広辞苑では「**液体または固体の表面が、自ら収縮してできるだけ小さな面積をとろうとする力**」とあり、この解釈が一般的である。これは表面張力の静的（止まっている状態）性質を示すものである。静的に対して、このヒステリシスは、動的（動いている状態）特性によっている。

　〝間隙を水分が移動する場合〟、にヒステリシスが発生するとあり、その間隙を水が移動する一つの事例が、細い管（ホース）内の水の移動であり、そのポイントを説明すると次の通りである（参照：図6-2　流体における表面張力の動的特性確認試験概要図）。

　管（ホース）に水を入れ、U型の形状にし、管の一端を上下に動かすと、通常、水位差が生じないように管の動きに追従して、その管内の水も動く。しかし、ある条件においては、管の一端を上下に動かしても、その水は動かず水位差が生じることがある。ある条件とは、①細い管内の水であり、②その水の中に気泡（気体）をトラップさせることの2つである。その条件においては、管の一端を上下に動かしても、その管内の水は止まったままで水位差に変化が生じ、さらに、管の一端を継続して同方向、上又は下に動かすと、水位差が大きくなり、止まっていた管内の水が動き出す。

　このような現象は、水の表面張力の動的特性によって生じており、その動的特

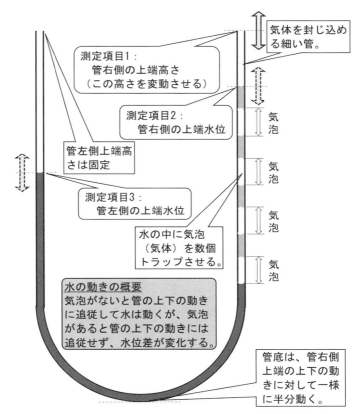

図6-2　流体における表面張力の
動的特性確認試験概要図

性の確認のために実施した試験方法とその結果を「参考　6-1　表面張力の動的特性の試験方法とその結果」に記し、表面張力の動的特性の説明とする。

参考　6-1　表面張力の動的特性の試験方法とその結果

(a) 試験方法

　先ず、試験の基本は次の通り。

・試験の目的：水の表面張力の動的特性の確認

・試験の方法：細い管（ホース）をＵ型に配置し、その管内の水の中に気泡
　　　を数個トラップさせた場合の水位差変化による管内の水の挙動測定。

　　　具体的には、Ｕ型に配置した管の一端（左端）の高さを固定し、もう一

端（右端）の高さをゆっくり段階を追って、下降させ、その後上昇させ、その時の管内水位を測定する。

・試験装置の概要図：図6-2 流体における表面張力の動的特性確認試験概要図
・測定項目
　　測定項目１：管右側の上端高さ（以後、右上端と記す）
　　測定項目２：管右側の上端水位（以後、右水位と記す）
　　測定項目３：管左側の上端水位（以後、左水位と記す）

　試験順序とその結果概要を「図6-3　表面張力の動的特性確認試験結果概要図」に示す。その試験順序の要点は以下の通り。

①先ず、試験前の状態を「スタート」とし、安定させ、その後、右上端を下降させて、左と右に水位差を生じさせる。下降当初は、水位差が生じても左水位は変化しないが、下降を続けると、左水位が動き出す（図6-3の①～⑥）。

②その後、右上端を上昇させる。上昇当初は、水位差が生じても左水位は変化しないが、上昇を続けると、左水位が動き出す（同図の⑥～⑫）。

③再度、右上端を下降させる。水位差が生じても左水位は変化せず、下降を続けると、元の「スタート」に戻る（同図の⑫～⑬）。

　なお、この試験では気体をトラップできる細い管として、内径1.5mmのビニールホースを使用した。

（b）動的特性の試験結果

　上記試験で得られた結果が、「図6-4　表面張力の動的特性の影響を受けた水位変動結果図」であり、その水位変動は、ループ状のヒステリシス曲線を、図6-4のように描く。図6-3に示した符号等を用いて、試験結果の要点を記すと、以下の通りである。

1️⃣右上端を下降させる。右水位は右上端と同じく下降。左水位変化なし（範囲ア、図6-3の①～③、この図では水平に左側に推移する）。

2️⃣右上端の下降継続で、その後、右水位、左水位とも下降。両側の水位差はほぼ一定（範囲イ、同図の③～⑥、この図では斜め左下に推移する）。

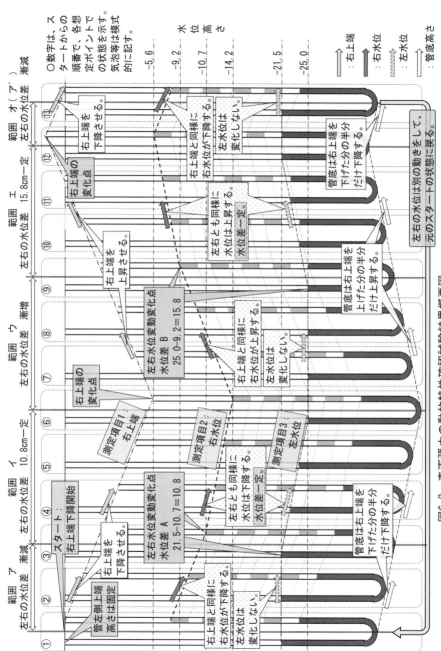

図6-3 表面張力の動的特性確認試験結果概要図

171

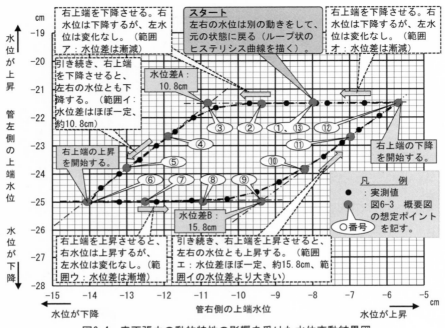

図6-4　表面張力の動的特性の影響を受けた水位変動結果図

> ③右上端の下降を上昇にする。右水位は右上端と同じく上昇。左水位変化な
> し（範囲ウ、同図の⑥～⑨、この図では水平に右側に推移する）。
>
> ④右上端の上昇継続で、その後、右水位、左水位とも上昇。両側の水位差は
> ほぼ一定（範囲エ、同図の⑨～⑫、この図では斜め右上に推移する）。
>
> ⑤右上端の上昇を下降にする。右水位は右上端と同じく下降。左水位変化な
> し。右上端の下降継続で、元のスタートに戻る（範囲オ、同図の⑫～⑬、こ
> の図では範囲ア同様、水平に左側に推移する）。

　水の表面張力の動的特性により、このように水が間欠的に動いたり（水が動く
のは透気性があることを意味する）、止まったり（水が止まるのは透気性がないことを
意味する）するのであり、地下で自然現象として発生する液化流動現象及び次に
記す間欠泡沸泉の間欠的挙動の解明には、この表面張力の動的特性が欠かせない。

（2）間欠泡沸泉

（a）間欠泡沸泉のメカニズム

　間欠泉とは一定周期で熱水やガスを噴出する温泉で、主なタイプに間欠沸騰泉と間欠泡沸泉の2種類がある。その間欠性は、間欠沸騰泉が水の沸騰によって生じるのに対し、間欠泡沸泉はガスの発生によって生じている。ただし、間欠泡沸泉は、地下水中の溶存ガスが圧力低下によって遊離ガスとなり、このガス発生によって間欠的噴出が生じると考えられているものの、このガス発生だけでは、この間欠泡沸泉のメカニズムは説明できない。このメカニズムには、ガス発生だけでなく、上記表面張力の動的特性も影響しており、「参考　6-2　間欠泡沸泉の再現」に、その再現試験結果とメカニズムの説明を記す。

> ### 参考　6－2　間欠泡沸泉の再現　（参照：「参考0-2　用語の定義」）
>
> #### （a）発生の条件
>
> 　間欠泡沸泉の発生条件は、次の2つである。
>
> ①第一条件：地下水に溶存ガスが含まれていること。
>
> 　　地下水に含まれる溶存ガスは、地下水の地表への上昇に伴い、その地下水圧が低下するため、地下水中の許容溶存ガス量も低下し、過飽和状態になると、遊離ガスが気泡として発生する。
>
> ②第二条件：発生した遊離ガス（気泡）を一時的に滞留させる地層があること。
>
> 　　この地層とは、小さな間隙を有する層（例えば、狭いクラックを有する層や砂層等）である。この小さな間隙中の水の表面張力は大きく、第一条件で発生する遊離ガスの浮上を阻止し、この層の下方にガスを滞留させる。ガスの滞留が続くとその位置でのガス圧力が大きくなり、ガスの浮上を阻止できなくなり、滞留していたガスがその層の間隙を通ってふき出す。ふき出すとは、動いている状態であり、その時の動的表面張力は小さく、ある程度その圧力差が小さくなるまで、そのふき出しは止まらない。
>
> 　表面張力が滞留させていたガスの浮上を阻止できなくなる時とは、上記「表面張力の動的特性の試験」で大きな水位差によって管内の水が動き出す時であると考える。

なお、第一の条件は、高校で教えられる「ヘンリーの法則：『**一定の温度で一定量の液体に溶解する気体の質量は、その気体の圧力に比例する法則**』(広辞苑より)」によっているのに対し、第二の条件は、「表面張力の動的特性」によっている。その特性は上記の通りであり、新たな考え方である。

　次に、間欠泡沸泉試験装置とその結果を記すが、その説明において、この第二条件の層を「間欠性発生層」と記す。

(b) 間欠泡沸泉再現装置

　再現装置は「図6-5　間欠泡沸泉試験装置概要図」の通りである。その装置は上・中・下流の３つからなり、ポイントは次の２点で、上記第一及び第二条件を作り出すための装置である。

①中流域で、重曹水とクエン酸を反応させ、炭酸ガスを発生させる。

　　高さの限られた装置で、許容溶存ガス量の低下による遊離ガス発生は容易でない（高低差を大きくする必要がある）ため、重曹とクエン酸の反応により炭酸ガスが発生する性質を利用し、遊離ガス発生に替えて、炭酸ガス発生とする。

②中・下流域間に「間欠性発生層」を配置し、上記の炭酸ガスを一時滞留させる。

　以下、図6-5に示す試験装置を説明する。

①重曹水を上流域水槽に貯留する。

②中流域へ重曹水が徐々に流れるよう、上・中流域間に土砂を配置する。

③重曹水とクエン酸の反応が徐々に進むよう、中流域上流方に有孔の袋に詰めたクエン酸をセットし、炭酸ガスを継続して発生させる（①の関連説明）。

④発生した炭酸ガスは浮力を受け、管内を鉛直方向に浮上する。そのガスを、途中滞留することなく、「間欠発生層」に到達するよう、中流域下流方の管を鉛直に配置する。

⑤浮上した炭酸ガスが一時的に滞留するよう、中・下流域間に「間欠性発生層」として土砂（珪砂：粒度が安定している砂）を配置する（②の関連説明）。

⑥流入した炭酸水等を噴出させるため、最下流部の断面形状を小さくする。

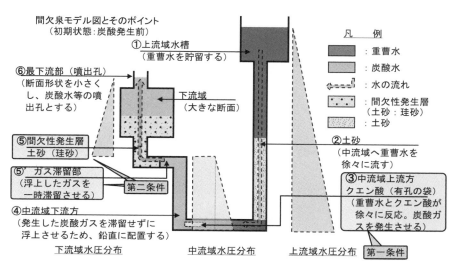

間欠泉モデル図とそのポイント
（初期状態：炭酸発生前）

①上流域水槽
（重曹水を貯留する）

凡　例

:重曹水

:炭酸水

:水の流れ

:間欠性発生層
（土砂：珪砂）

:土砂

⑥最下流部（噴出孔）
（断面形状を小さく
し、炭酸水等の噴
出孔とする）

下流域
（大きな断面）

⑤間欠性発生層
土砂（珪砂）

②土砂
（中流域へ重曹水を
徐々に流す）

⑤´ガス滞留部
（浮上したガスを
一時滞留させる）

第二条件

③中流域上流方
クエン酸（有孔の袋）
（重曹水とクエン酸が
徐々に反応。炭酸ガ
スを発生させる）

④中流域下流方
（発生した炭酸ガスを滞留せずに
浮上させるため、鉛直に配置する）

下流域水圧分布　　中流域水圧分布　　上流域水圧分布　第一条件

図6-5　間欠泡沸泉試験装置概要図

（c）間欠泡沸泉再現結果

　この装置による間欠泡沸泉の再現結果を、「図 6-6　間欠泡沸泉概略順序図」に示す。間欠とは、「**一定の時間を隔てて起こること。止んで、また、起こること**」（広辞苑より）であり、そのポイントは以下の通り。

　間欠性発生層内の水の表面張力には、ガスの流れを阻止する力があり、間欠性発生層下に滞留するガスの圧力がその阻止する力より小さい時点では、間欠性発生層はガスを流さない。つまり、その性状は不透気性である（順序図③）。その後、〝**一定の期間を隔てて**〟、間欠性発生層下に滞留するガスの圧力が増加し、その阻止する力より大きくなった時点で、間欠性発生層はガスを流す。つまり、そのガス圧が限界透気圧以上になった時点で、間欠性発生層はガスを流すようになる。その性状は透気性であり、一時的に〝**止んで**〟いたガスのふき出しが、〝**また、起こる**〟（順序図④、**深層噴流の発生**）。さらに、その後、そのガスが下流域にふき出すことにより、間欠性発生層下の圧力が急激に減少し（順序図⑤）、その圧力差により逆流が生じる（順序図⑥、**逆噴流の発生**）。最後、圧力差がなくなり、元に戻り、以後各々の現象が繰り返される。

175

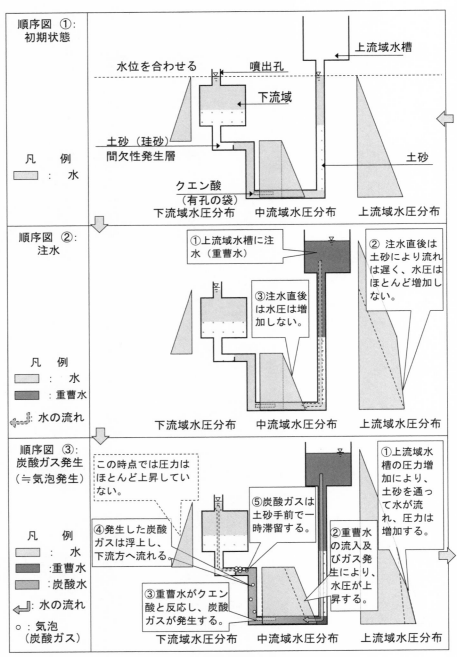

順序図 ①: 初期状態	上流域水槽 水位を合わせる　　噴出孔 下流域 土砂（珪砂） 間欠性発生層 クエン酸 （有孔の袋） 下流域水圧分布　　中流域水圧分布　　上流域水圧分布 土砂
凡　例 □：水	
順序図 ②: 注水	①上流域水槽に注水（重曹水） ② 注水直後は土砂により流れは遅く、水圧はほとんど増加しない。 ③注水直後は水圧は増加しない。 下流域水圧分布　　中流域水圧分布　　上流域水圧分布
凡　例 □：水 ■：重曹水 ⤵：水の流れ	
順序図 ③: 炭酸ガス発生 （≒気泡発生）	この時点では圧力はほとんど上昇していない。 ①上流域水槽の圧力増加により、土砂を通って水が流れ、圧力は増加する。 ⑤炭酸ガスは土砂手前で一時滞留する。 ④発生した炭酸ガスは浮上し、下流方へ流れる。 ②重曹水の流入及びガス発生により、水圧が上昇する。 ③重曹水がクエン酸と反応し、炭酸ガスが発生する。 下流域水圧分布　　中流域水圧分布　　上流域水圧分布
凡　例 □：水 ■：重曹水 ▨：炭酸水 ⤵：水の流れ ○：気泡 （炭酸ガス）	

図6-6^{-1}　間欠泡沸泉概略順序図

176

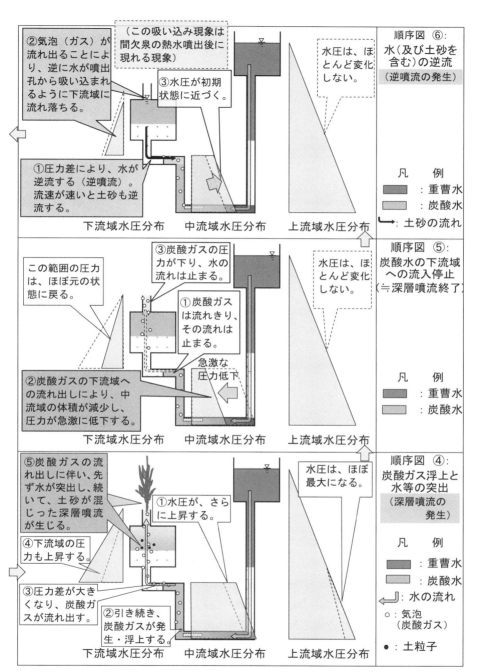

図6-6⁻² 間欠泡沸泉概略順序図

ただし、繰り返しの再現は、間欠性発生層の土砂層が、深層噴流及び逆噴流により乱されない場合であり、乱されてしまうと、このような流れは確認できるが、繰り返しの再現はない。

　私たちは、間欠泉の間欠的な動きの中で、水の噴出が終わった後、その水が、噴出とは逆に、噴出孔から吸い込まれるように地下に流れ落ちる状況を実際に見ている。これは、順序図⑥に示すように、気泡（ガス）が噴出孔から流れ出ることにより、逆に水が噴出孔から吸い込まれるように下流域に流れ落ちるためである。そして、この流れ落ちる現象は、液化流動でも生じていて、「参考　5-1　地震時の液化流動に伴う吸い込み現象の真相」に記した「吸い込み現象」であり（参照：p140）、2つに共通する現象として現れる。

　深層噴流や逆噴流は、水や土砂の流れではあるが、基本的には、上記のようにガスの流れに伴って発生している。また、間欠性発生層の間隙が小さいほど、水の表面張力が大きくなり、高い圧力に対しても、不透気性が維持される。逆に、間欠性発生層の間隙が大き過ぎると、ガスの流れを止めるような水の表面張力は作用せず、不透気性がなく、間欠的な噴出は生じない。つまり、このような条件がそろった極めて限られた箇所で生じており、その条件が保てなくなると、間欠泉の自噴は止まってしまう。

(b) 間欠泡沸泉の類似事例

　石油井戸には、間欠泡沸泉と似たような現象を起こす事例がある。文献「間欠温泉に似たる石油自噴井」（注6-2）によれば、新潟県旧刈羽郡（現柏崎市）にあった後谷油田に、特異な石油井戸があり、次の通り記されている。

　（1908〈明治41〉年）越後国刈羽郡二田村大字後谷油田において宝田石油株式会社第十五号井の深度 340 間 3 尺（約620m）にて第三油座に到着し一大噴油をなす（中略）自噴状態を観察する（中略）規則正しき自噴は間欠温泉の噴出に酷似するものあるに一驚（中略）、轟然たる音響は石油に供なう瓦斯の鉄管内を疾走するときに発するものにして（以下省略）

　"規則正しき自噴は間欠温泉の噴出に酷似する"、とは、間欠泡沸泉と類似の現

象であり、〝瓦斯〟の噴出を伴っていた。この記述は、この地域に次の2つの条件があることを示していると考える。

①この地域には、石油だけでなく地下ガスが貯留されている。

②ガスを伴った間欠的な〝噴出〟があることは、この地下に、間欠泡沸泉と同じような「間欠性発生層」がある。

　この2つの条件は、地震時に、地震動による遊離ガスの発生があり、その噴出が生じるだけでなく、「間欠性発生層」によって、その遊離ガスが一時滞留し、噴水等が間欠的に起きることを示していると考えられる。

　この後谷油田は、現在の新潟県柏崎市北部（西山町後谷地区）にある後谷背斜（背斜：「褶曲した地層の山に当たる部分」〈広辞苑より〉で、石油及び天然ガス等が、他の地層に比べて集積されやすい地層と考えられている）に位置し、この後谷背斜は南方に延び、柏崎刈羽原子力発電所用地に繋がっている。柏崎刈羽原子力発電所における地下ガス噴気の影響は、第七章に後述するが、本書の重要なテーマの一つでもある。なお、これらの位置は、「図7-1　柏崎刈羽原子力発電所及び旧高町（刈羽村）油田付近の概要平面図」に示す。

（c）間欠泡沸泉・液化流動と流れ

　間欠泡沸泉は、その地下で地下水が湧き出す上昇流があり、その上昇による水圧低下によってガスが生じ、それに伴って発生する。一方、液化流動は、地震発生時、地震動によって地下で遊離ガス発生があり、そのガス発生により地下の圧力が上昇し、地下水の上昇流が生じ、それに伴って発生する。この2つの現象は、ガス発生と地下水の上昇流がある点で一致している。ただし、条件に2つの違いがあり、異なった現象として現れている。条件の違いの1つは、噴出孔付近の流動性の高い土砂の有無であり、もう1つは、ガスの発生期間の長短である。以下、その条件とそれによる現象の違いを記す。

　液化流動では、噴出孔付近に流動性の高い土砂があるため、その流れによってその土砂が削られ、土砂の突出が容易に起こるが、間欠泡沸泉では、その流れの周辺にそのような土砂がないため、土砂の突出は起きない。つまり、液化

流動では、地下水と土砂の深層噴流及び逆噴流となるが、間欠泡沸泉では、地下水のみの深層噴流及び逆噴流である。

　また、液化流動では、地震動による一時的な遊離ガス発生のため、間欠的な現象も数回程度（短期間）で収束するのに対し、間欠泡沸泉では、地下水の上昇流によるガス発生が長期的に続くため、間欠的な現象も長期間継続する。

　地下ガス噴気の現象は、単なる地下ガスの挙動でなく、その発生によって圧力変化が生じ、液体・固体を含んだ多様な流れを伴う現象となり、課題も多く、新たな科学的視点からの現象解明が必要であると考える。間欠泡沸泉も液化流動も、多様な流れの一つであり、流れの分類を「6.3　科学的視点」に記す。

▼　6．2　他分野での類似現象
　地下ガス噴気が気圧変化により生じることがあるように、他の自然科学分野においても気圧及び圧力変化によって生じる現象がある。気圧及び圧力変化が自然科学分野に及ぼす影響とその課題等を示す。

(1) 気象病
　気象の主な要素には、気温、湿度、気圧（圧力）等がある。これら気象要素が人間の体に影響を及ぼすことがあり、生気象学会によって研究されている。『生気象学の事典』（注6-3）で、「**生気象学とは『大気の物理的、科学的環境条件の生体に及ぼす直接、間接の影響を研究する学問』といえます**」と紹介され、さらに、気象病は「**気象の変化と関係があると考えられる種々の病症の総称**」と広辞苑に記されている。

　私たちは、気温、湿度の変化を日々感じ、それによって生じる体調変化をよく理解している。一方、気圧変化を感じることはほとんどないが、その感じることのない気圧変化によって生じる気象病がある。気圧が下がると、関節炎が悪化する等の症状が出る人がいて、その病気は気圧要素による気象病である。ただし、その症状は、全ての人でなく、その条件のそろった時、一部の人だけに出る。

　また、『天気痛（気象病の一種）つらい痛み・不安の原因と治療方法』（注6-4）には、「**『気圧』は、はっきりと意識できない**」と記され、顕著な気圧変化によっ

て生じる高山病や潜水病の記述の後、気圧に関して、次の通り記されている。

> 　高山や海中などの特殊な環境でなく、通常の環境における気圧が人に及ぼ
> す影響、気圧が痛みに及ぼす影響については、メカニズムが研究されていな
> いどころか、ほとんど注意すら払われてきませんでした。(中略) 気圧と痛
> みの関係に注目して研究した人はいなかったのです。

　人は通常の環境で気圧低下を全く感じないのと同じように、地下水も通常の環
境で気圧変化があってもほとんど変化しない。ただし、地下水中の溶存ガス量が
飽和に近い状態にあって、大きな気圧低下が生じた場合、自然法則である「ヘン
リーの法則」に従って、地下水中に遊離ガスが発生する。それは顕著な変化であ
るが、気泡（地下ガス）発生等に気づいても、その自然法則は軽視され、〝気圧
と地下ガス噴気の関係に注目して研究〟した人はいなかった。気象病と同じく地
下ガス噴気を含む「ガスの挙動」は研究・解明されなければならない。

(2) 気象学及び地学等の攪乱

　自然界には、圧力変化等によって状態が乱れる攪乱と言われる現象がある。
広辞苑で、「①入り乱れること。乱されさわぐこと。(中略) ②気象学では、大気
の定常状態からの乱れ。高気圧・低気圧・竜巻・積乱雲など、大気中に発生し、
しばらく持続して消滅する現象」と、攪乱は定義されており、気象学等で多く用
いられる用語である。

　一方、地学でもこの用語が使われ、地盤内にも攪乱によってできる地層がある。
この地盤の攪乱は、規則性のある構造を持たない乱雑な地質体と言われていて、
『新版地学事典』(前掲) に、攪乱は「あまり厳密な定義を与えられたことがなく、
漠然と用いられている」と記されているが、この〝乱雑な地質体〟と液化流動後
の地質体とは同類のように見える。気象学上の攪乱が〝大気の定常状態からの乱
れ〟とあるように、地学上の攪乱は「地下で遊離した地下ガス等の挙動による地
盤の成層状態からの乱れ」と定義できると考える。

　つまり、気象学上の攪乱が〝しばらく持続して消滅する現象〟であるように、
地学上の攪乱も、「地下ガスの挙動が〝しばらく持続して〟、地盤も攪乱し、その
後〝消滅する現象〟」であり、気象学上の攪乱は完全に消滅するのに対して、地

学上の攪乱では、ガスが消滅しても、その地層の中にその痕跡が残るのである。

　気象学の攪乱は大気中で起こり、地学の攪乱は地盤で起こるように、陸水学（陸水：「**地球上に分布する水のうち、海水を除いたものの総称。湖沼・河川・地下水・温泉・雪氷など**」広辞苑より）の攪乱が水中で起こる。その水中で発生する攪乱の痕跡の例が、「参考　2-3　地下ガス噴気の痕跡」で記した諏訪湖の湖面釜穴である（参照：p73）。この湖面釜穴発生の前後にも、地盤及び大気中でも攪乱が起きており、その過程は次の通りで、私たちがほとんど感じることができない攪乱を含め、多様な攪乱が、固体（地盤）、液体（水）、気体（大気）の中で連続的に起きている（参照：「図6-7　地学・陸水学・気象学における攪乱発生図」）。

　基本的に、地球は質量が大きい順に、地球中心部から、固体、液体、気体で構成されている。ただし、固体の中に気体に変化する成分（例えば炭素）が貯留されていて、その貯留条件が変化すると、気体となる。この気体発生が、攪乱発生の発端であり、固体、液体、気体の順に攪乱が起きている。
①固体の攪乱
　先ず、固体（地盤）中に発生したガスが、その地盤中を上昇することにより、地盤中に攪乱が起きる。その攪乱による湖底面へのガス・地下水・土砂等のふき出しによって湖底釜穴である凹地が、液体（湖水）との境界面である湖底にできる。
②液体の攪乱
　その後、湖底釜穴から液体（湖水）中にふき出したガスが、湖水中を上昇することにより、湖水中に攪乱が起きる。冬季の結氷時、その攪乱による湖水面付近の温度の上昇（氷点下にならない）によって、湖面釜穴である水の穴が、気体（大気）との境界面である湖面にできる。
（②´ ただし、ガス発生量が少ない場合、わずかな攪乱しか発生しないため、湖面釜穴はできず、多様な気泡〈バブル〉が、湖面結氷時、その氷中にアイスバブルとしてその形状を残す）
③気体の攪乱
　さらに、その湖面上の気体（大気）中にふき出したガスが、大気中を上昇することにより、大気中に攪乱が起きる。

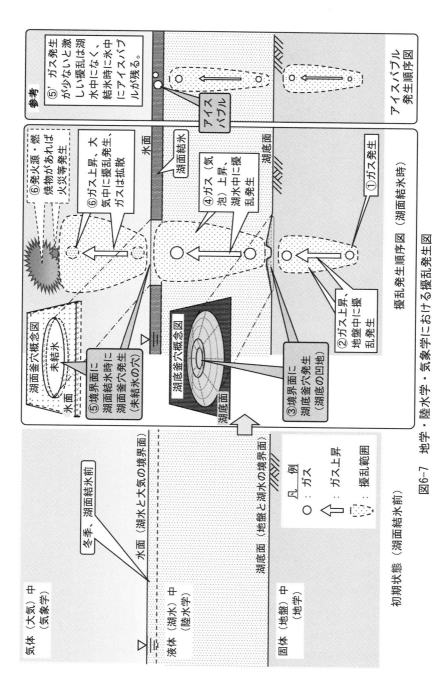

初期状態（湖面結氷前）

図6-7　地学・陸水学・気象学における擾乱発生図

私たちは、③の大気中に起きる擾乱をほとんど感じることはできないが、この発生した気体が可燃性ガスで、十分に拡散されず、爆発濃度になっていて、そこに発火源があると火災等が発生する。これまで津波火災と言われてきた火災は、似たような擾乱の連鎖の中で、結氷時でないため湖面釜穴・アイスバブルこそ湖面にできないが、「③気体の擾乱」の中で発生している。逆に考えれば、津波火災や液化流動等が発生した地域の地下には、ガス貯留があることを示しているのであり、そのような現象が一度起きた地域では、類似の現象が再発する可能性があると考えるべきであろう。

参考　6-3　液化流動と地下ガス

(a) 液化流動時の吸い込み現象と地下ガス噴気

　近年調査研究が進んできた液化流動現象は、太古から発生していた。文献「群馬県烏川中流域のテフラ層中にみられる液状化現象とその意義」(注6-5)の冒頭に次の通り記されている。

> 　群馬県烏川中流域における（中略）約2万年以降に計4回の液状化跡を確認した。それらは新しい順に、1108年以後1783年以前、1万年前より新しい時期、約1.7万年前、2.1万年前から1.7万年前の間である。（中略）液状化した物質はローム層と黒色土壌層で、（以下省略）

　これまで、液化流動すると考えられていた地層は、主に沖積層（約1万年前頃まで）であり、砂層がその主な対象であったが、古い年代の地層で、かつ、砂層でない層（ローム層等）でも、液化流動現象は生じている。

　また、同文献には、「液状化」終息段階に形成された地盤の変形構造は、**「震動後・液状化層の減圧にともなう上部からの引きこみによるものと判断できる」**と記されており、その文献に示された液状化跡の形成過程概念図を参考に、地下ガスの動きを加えて、その形成過程等を示した図が、「図6-8 ガスの挙動と液化流動跡の形成過程概念図」である。なお、「図5-2　液化流動の吸い込み現象順序図」（参照：p142）は、液化流動の全体の順序図であるのに対し、この図6-8は、ガスの挙動と吸い込み現象に焦点を当てている。

　これまで、「液状化」現象には「図6-8の『2、地震発生時』及び『3、地

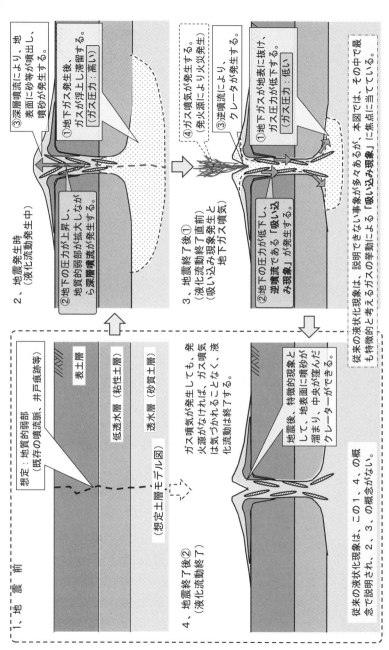

図6-8 ガスの挙動と液化流動跡の形成過程概念図

1、地震前
（想定土層モデル図）

想定：地質的弱部
（既存の噴流脈、井戸痕跡等）

表土層

低透水層（粘性土層）

透水層（砂質土層）

2、地震発生時
（液化流動発生中）

③深層噴流により、地表面に砂等が噴出し、噴砂が発生する。

①地下ガスが発生後、ガスが浮上し滞留する。（ガス圧力：高い）

②地下の圧力が上昇し、地質的弱部が拡大しながら深層噴流が発生する。

3、地震終了後①
（液化流動終了直前）
（吸い込み現象発生と地下ガス噴気）

④ガス噴気が発生する。（発火源により火災発生）

③逆噴流により、クレーターが発生する。

①地下ガスが地表に抜け、ガス圧力が低下する。（ガス圧力：低い）

②地下の圧力が低下し、逆噴流である「吸い込み現象」が発生する。

4、地震終了後②
（液化流動終了）

ガス噴気が発生しても、発火源がなければ、ガス噴気は気づかれることなく、液化流動は終了する。

地震後、特徴的現象として、地表面に噴砂が溜まり、中央が凹んだクレーターができる。

従来の液状化現象は、この1、4、の概念で説明され、2、3、の概念がない。

従来の液状化現象は、説明できない事象が多々あるが、本図では、その中で最も特徴的と考えるガスの挙動による「吸い込み現象」に焦点が当たっている。

震終了後①』」に示すような、地下ガス発生・浮上とその滞留等のガスの挙動、及びそのガスの圧力変化が見落とされていた。「2、地震発生時」はガス圧力が高く、深層噴流を起こし、「3、地震終了後①」はガス圧力が低く、逆噴流を起こしているのである。

　また、同文献で、「**液状化の認定には吹きあげ―引きこみ現象を総合的に観察することが重要である。液状化災害における<u>引きこみ</u>（吸い込み）<u>現象</u>の役割の解析は今後の重要な課題である**」と記されているが、この〝<u>引きこみ</u>（吸い込み）<u>現象</u>〟は、私たちが五感で感じられないガスの挙動を示す役割を持っている。吸い込み現象と地下ガス噴気は、お互いが影響し合いながら、ほぼ同時に発生していて、吸い込み現象の発生場所では、地下ガス噴気があり、そこに発火源があれば、火災が生じるのである。吸い込み現象の予知・観測は、火災予防の役割を担うことができると考える。

（b）地下ガス挙動と液化流動

　地下に貯留されたガスが、どのような深さを移動し、どのような過程を経て、地上に噴気するのか。地下ガス挙動の概念を「図6-9　地下ガス貯留と噴気の期間及び深さの関係想定図」に示す。この図では、縦軸と横軸が深さと時間で、最大深さを地球半径約6,700km、最大時間を地球の歴史約46億年としている。地下ガスは多様な深さに貯留された後、多様な過程を経て地表に噴気しており、想定される次の4つの事例を、同、図6-9に記す。同図の例2の液化流動も他の3つの事例同様、地下ガスの挙動によって生じる現象の1つである。

例1：河川堆積汚泥からのメタンの発生（浅部からの超短期的な噴気）
　代表的事例：「**都内でも神田橋の下**（中略）、**水底から盛んに気泡が出ている**」（「2.2　日本における天然ガス徴候と貯留」の「天然ガス徴候の見方と見つけ方」に記載〈参照：p60〉）
例2：液化流動
例3：火山噴火（深部からの中期間の噴気）
　代表的事例：戦後最大の火山災害となった2014年長野県御嶽山の噴火

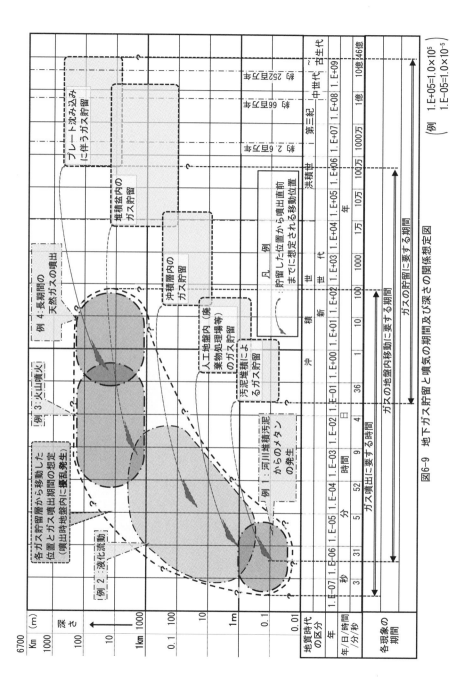

図6-9 地下ガス貯留と噴気の期間及び深さの関係想定図

例4：長期間の天然ガスの噴出（深部からの長期間の噴気）

代表的事例：長期間天然ガスを利用し続けている家屋（「参考 5-2 新潟県十日町市周辺での地下ガス貯留と課題」に記載〈参照：p146〉）

　この図6-9は、「図3-6　気象災害の時間・空間スケールと地下ガス噴気の関係図」（参照：p102）に似ており、地表を境にして、一方は地上、もう一方は地下で各々擾乱を伴って起きている。地上（大気）の擾乱は、"**高気圧・低気圧・竜巻・積乱雲など**"多様であるように、地下（地盤）の擾乱も、上記の通り多様である。この2つは、異なった領域で発生している擾乱であるが、共通点が見いだせれば、互いの擾乱の解明等に役立つ可能性があると考える。

▼　6．3　科学的視点

(1) 流れとガスの視点

（a）　流れの分類

　これまで、多様な流れは分類され研究されてきた。分類された流れの中で、時間的に速度・圧力等の物理量が一定、つまり変化のない流れが定常流である。また、時間的に物理量が変化する流れが非定常流である。このような流れは「表6-1　流れの分類と代表的な流れ」の中の「これまで流体力学として扱われてきた主な範囲」に記す通りで、主に人工的な流れであり、研究の対象として解明されてきている。

　一方、自然界、特に、地下の条件は複雑であり、流れが多様に変化する。流れる物質（相）が混じり合ったり（①混相流、丸番号は表6-1に記す）、流体性状が変化したり（②変性流）、流路形状が変動したり（③変動流）、さらに、一方向の流れが逆行したり（④逆行流）する流れがあり、表6-1に示す通り多様である。これまで、このような視点から「流れ」が扱われたことはほとんどないが、本書に関わる現象を説明するためには、このような分類が適していると考える。液化流動の流れは、表6-1に示す「逆行・変動・変性・混相・非定常流」であり、また、間欠泡沸泉の流れは「逆行・固定・変性・混相・非定常流」である。以下、この2つの流れを取り込んで、この4種類の流れを説明する。

表6-1 流れの分類と代表的な流れ

分類項目	流れの方向	流路形状	流体性状	流体の種類	流れの時間変化	代表的な流れ
	逆行流の有無	形状変化の有無	性状変化の有無	一種か多種か	時間変化の有無	
流れ	順行流	固定流	定性流	単相流	定常流	（水道管内一定の流れ：順行・固定・定性・単相・定常流）
					非定常流	（井戸揚水開始時の流れ：順行・固定・定性・単相・非定常流）
				混相流	非定常流	（ウォータージェット：順行・固定・定性・混相・非定常流）
			変性流	混相流	非定常流	（溶存ガスを含む地下水の流れ：順行・固定・変性・混相・非定常流）
		変動流	変性流	混相流	非定常流	（ボイリング現象：順行・変動・変性・混相・非定常流）
	逆行流	固定流	変性流	混相流	非定常流	（間欠泡沸泉：逆行・固定・変性・混相・非定常流）
		変動流	変性流	混相流	非定常流	（液化流動：逆行・変動・変性・混相・非定常流）

これまで、流体力学として扱われてきた主な範囲

ガス滞留により、圧力差が逆転し逆行流が発生

各流れの定義:
定常流 ：流れの速度、圧力等の物理量が一定の流れ
非定常流：流れの速度、圧力等の物理量が時間によって変化する流れ
①単相流 ：流体物質が一つの相（単相）の流れ。例えば、気体又は液体の一種類の流れ
　混相流 ：流体物質が二つ以上の相（混相）の流れ。例えば、気体と液体が混在する流れ
　定性流 ：流体性状が一定の流れ
②変性流 ：流体性状が変化する流れ。例えば、先行して地下水が流れ、遅れてガスが流れる等、その性状が変化する流れ
　固定流 ：流路形状が一定の流れ
③変動流 ：流路形状が変動する流れ。例えば、土砂中の流れにおいて、流れにより その形状が変動する流れ
　順行流 ：流れの方向が一定の流れ
④逆行流 ：流れの方向が変化する流れ。例えば、ガス滞留により、流路内で圧力差が逆転し、一時的に逆行する流れ

①混相流

　物質には気体・液体・固体があり、三相とよばれ、混相流とは、その相が混じり合った流れである。通常、地下では、地下水（液体）のみの液体単相流であるが、間欠泡沸泉は、溶存ガスが遊離し、地下水（液）に遊離ガス（気）の混じった気液二相流となる。また、液化流動は、さらに、土砂（固）が混じった固気液三相流となる（参照：後掲の「図6-10　混相流の世界と液化流動の変性流としての変化」）。

②変性流

　変性流とは、流れが進むに従い、流体性状（気体、液体、固体）が変化する流れである。通常、その流体性状は変化せず、定性流であるが、間欠泡沸泉では、地表へは地下水が先行してふき出し、遅れてガスがふき出すように、流体性状そのものが時間と共に変化し、変性流となる。液化流動も同じように変性流である。

③変動流

　変動流とは、流れが進むに従い、流路形状が変化する流れである。通常、流路形状は変化せず、間欠泡沸泉を含め、固定流であるが、液化流動の場合、流路周辺に流動性の高い土砂があり、その流れによって土砂が削られ、その流路形状が時間と共に変化し、変動流となる。

④逆行流

　逆行流とは、流れの方向が一時的に変化する流れである。通常は、流れの方向は一方向で順行流であるが、例えば、間欠泡沸泉及び液化流動現象において、ガス滞留によりその範囲の圧力が急激に低下し、流路内の圧力差が逆転、一時的に流れの方向が逆の逆行流となる。液化流動において、発生原理が解明されていなかった「吸い込み現象」は、この逆行流である。

(b) 液化流動の変性流としての変化

　『混相流ハンドブック』（注6-6）には、「**混相流の全体を見わたせるように、気体、液体、固体の３相の組み合わせによって分類される基本的な混相流を図式的にまとめ**（以下省略）」と記され、「**混相流の世界**」と題する図が示されている。その図を加筆修正し、さらに、液化流動の変性流としての変化を「図6-10　混

相流の世界と液化流動の変性流としての変化」に示すが、その発生から終息まで、以下のように変化している。なお、（　）内には、混相流・変性流以外の関連する流れの変化を記す。

①地震動により地下の溶存ガスが遊離し、その遊離ガス発生により地下の圧力が上昇し、その圧力を受け、先ず地下水のみが地表にふき出る。発生時は液体単相流である。

②その液体単相流の流速が速くなり、土砂が地下水の流れに加わり、地表にふき出る。つまり、固液二相流に変化する（土砂が加わるとは、速い流速により流路が削られることであり、変動流となる）。

③地下深くで発生したガスが、地下水・土砂の流れに加わり、地表にふき出る。つまり、固気液三相流に変化する。

④地下の圧力は次第に低下し、地下水及び土砂をふき上げるような圧力がなくなり、ガスのみが地表にふき出る。液体単相流で始まった流れが、最後に気体単相流となる。地下と地上の圧力が同じになって終息する（終息する直前、

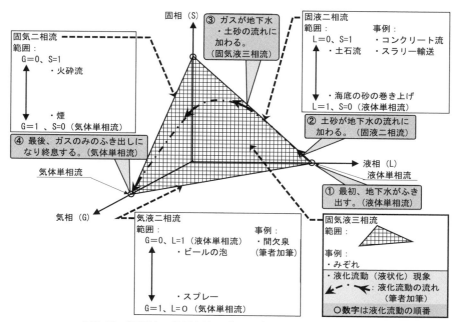

図6-10　混相流の世界と液化流動の変性流としての変化

一時的に気体の滞留した地下部分の圧力が急激に低下し、流路内の圧力差が逆転し、逆行流が生じる）。

　この変化は、私たちが目にすることができる地表面での流れの例であり、地下深くでは、多様な地層が互いに影響し合って、さらに複雑な変動流や逆行流等の擾乱が起き、規則性のある構造を持たない乱雑な地質体が生じると考える。

（c）ガスの視点

　戦前、『火災消防研究』（注6-7）の「消防人と瓦斯研究の必要」で、その著者が、鉱山坑内でのガスによる事故事例を示した後、寺田寅彦氏の言う「ガス研究の必要性」として「**火事はガスの火事といってもよい位のものです。火災を研究する消防人は、必ずこのガスについて研究せねばなりません**」を紹介している。〝このガス〟とは地下ガスである。

　しかし、近年、そのような視点からの調査・検討が忘れ去られたようであり、例として阪神・淡路大震災での出火及びその状況に対する対応を示す。

　阪神・淡路大震災での出火状況を踏まえ、消防庁より「地震時における出火防止対策のあり方に関する調査検討報告書について」（注6-8）が、ネット上に公表された。その中に、「通電時に発生する火花や異常な発熱により出火に至った火災」が紹介され、「今回の地震では、（中略）**多数ガスが漏えいしているのが確認されており、何らかの着火エネルギーが与えられると引火又は爆発する状況にあったと思われる**」と記された。このような検証により、対策の一つとして、感震ブレーカーの設置が進められるようになっているが、〝**多数ガスが漏えいしているのが確認され**〟ても、地下ガスはその対象になっていない。

　そもそも、「火災便覧」（前掲）で、「**配管や貯蔵容器から漏れ出た可燃性気体に着火し、（中略）燃え続けている状態をガス火災という**」と記されている。〝**ガス火災**〟の対象とするガスの種類に漏れがあり、〝**配管や貯蔵容器から漏れ出た**〟ガスだけでなく、地下ガスを対象としなければならない。

　上記「火災消防研究」が1940（昭和15）年に発行され、その研究の必要性が

提起されてから約80年経ち、その間に既に前章までに記したような大火・地震
等で、多様なガスのふき出しによる火災を経験してきているが、「地下ガスによ
る火災」が起きるとの発想が軽視されている。

(2) 火災と自然科学
(a) 自然災害としての火災
　「火災という物理現象は元々自然現象の一つであり、いかなる自然現象は真実
でなければならない」と、『基礎　火災現象原論』（注6-9）の著者が、「日本語版
によせて」に記している。また、「自然火災」の項で、自然現象に関して記した
後、次の記載がある。

> 　現代社会においては、火山活動などよりむしろ、地震による二次災害の
> ほうが懸念される問題である。（中略）1906年のサンフランシスコ地震、
> 1923年に東京と横浜を襲った関東大地震の被害は、地震自体の被害より大
> 火災による被害の方が大きかった。（中略）地震による構造物への衝撃につ
> いては多く研究がなされているが、地震に起因する火災の甚大さに関する研
> 究はあまりない。

　また、前掲の清水幾太郎氏は、関東大震災で特異な経験をして、従来の考え
に疑問を持ちながら、その著『流言蜚語』（前掲）の「日本人の自然観―関東大
震災」で「『（関東大震災の）被害の95パーセントは火災によるものである』と
いう主張が広く伝えられ、他方では、これに対して『しかし、地震がなかった
ら、火災は起こらなかったのだ』という当然の主張が行われていた」と記してい
る。この内容は、現代においても、各分野で受け入れられており、火災対策より、
〝地震による構造物への衝撃〟対策が重視されているのであろう。
　この〝地震による構造物への衝撃〟対策が重視されていた理由は、「地震動に
よる構造物被害がなければ、火災は起こらない」との発想に基づいているためで
あるが、この発想及び清水氏が記した〝当然の主張〟は必ずしも正しくない。地
震動による構造物被害がなくても、地震動は地下深くの地盤に影響し、地下ガス
噴気を生じさせるのであり、発想を変えなければならない。私たちは「地震動が
地下ガス噴気を生じさせ、火災を起こす」との発想を持たなければならない。

さらに、〝地震による構造物への衝撃〟対策と同じように、地震災害及び気象災害を減らすためにも「地下ガスによる火災」があるとの発想を持ち、地下ガス噴気対策を重視し、研究しなければならない。

(b) 火災学と関連分野

科学が進んでいなかった時代、不可解な現象として特異火災があったことは、やむをえなかったが、関東大震災を経験した寺田寅彦氏は「**火災原因を科学的に解明しなければならない**」との考えを示し、その頃から、火災学として扱われるようになった。そのことが、大正14年9月の「帝国大学新聞」（注6-10）に「**火災学は来年度より地震学3年の講座に加へられるもので物理学的に火災を取扱ってその現象理論又火災予防消火各方面にわたって……**」と記された。

火災学が〝**物理学的**〟に取り扱われるようになってから約100年経つが、『消防白書　平成28年版』の「消防研究センターにおける研究開発」に、「**火災の中には、実態がよくわからないものがある**」と記されているように、現代においても、解明されていない火災がある。その一例が火災旋風であり、同白書に「**大規模市街地火災、林野火災などでは、「火災旋風」と呼ばれる竜巻状の渦が発生して、多くの被害が引き起こされる**（中略）**旋風の発生メカニズムや構造が徐々に明らかになってきたが、依然不明な点も多い**」とある。不明点が多くあるのは、火災学だけでなく関連分野での、〝**物理学的**〟解明が進んでいないことによる。

参考　6-4　地震火災と地盤の関連性

今後発生が予想される大地震に対する防災計画を立てる上で重要な指標となるのは、想定される被害である。その被害は、過去の地震被害と色々な要素との関係性を統計的に分析し、算出する方法が提案されている。多くの自治体はそれら色々な要素を設定し、複数の条件で想定被害を算出し、その結果を公表しているが、その算出方法には課題がある。『都市研究叢書　巨大地震と大東京圏』（注6-11）の「地震火災研究の問題点」に、「**地震火災想定の根拠となる地盤の性状と出火の関係についてはまだ十分に解明されていないように考えている**」と記され、同書にその課題が、次の通り記されている。

> 　この分野（地震時の出火要因）では、地盤の地震時の挙動をとりいれ
> た調査研究がなお研究課題として残されているように考える。たとえば、
> （中略）<u>液状化現象</u>の影響をもとりこんで、<u>組織的な研究</u>が必要である。

　実際の地震時に生じている地盤変状や地下ガス噴気等の自然現象は、未だ
正確に理解できていない。〝<u>液状化現象</u>〟の定義を見直し、地下ガス噴気が
あるとの発想を持たなければ、〝<u>地盤の性状と出火の関係</u>〟の解明は進まず、
精度の高い被害想定ができない。さらに、現状の被害想定に基づく大地震に
対する防災計画は不完全なものとなっている。「液状化」現象の〝<u>組織的な
研究</u>〟は不可欠である。

日本では毎年のように多様な地震が発生しており、大地震でなくても、地下ガ
ス挙動の一つである地下ガス噴気の観察・検証を行うことにより、地震対策だけ
でなく火災対策が見いだせると考える。

（3）出火原因不明と科学的視点からの新たな仮説

　出火原因不明の火災は、過去も現在も数多く発生しており、それらの火災は不
可解な歴史でもあり、現在及び将来への課題が潜んでいる。前章までに既に記し
た内容もあるが、課題を明らかにするために、以下、各年代で生じた出火原因不
明の火災事例とその背景を見直し、それら火災に関して科学的視点から、新たな
仮説を記す。

（a）中世の神火

　平安時代、東国（現在の関東地方）で頻発した「神火」は「参考　3-1　出火原
因不明の火災」で記した通りで（参照：p88）、正倉（倉庫）の出火であった。そ
の正倉は、当時としては大きな建物で、下記の「参考　6-5　弘仁地震と液化流
動現象」に記すように、その基礎は柱穴であった。柱穴とは、九世紀初め頃の基
礎形式で、柱を立てる箇所を深く掘り、立てた柱の周囲が土砂で充填されていた。
「神火」の真相は次の通りと考える。

六章

学際的取組み

195

新たな仮説①：

　深く掘られた土砂の穴である正倉の基礎（柱穴）は、周辺に比べて深く、かつ、この土砂で充填された穴は透水性・透気性が高かったことから、「液状化」による地下水・地下ガス等が浸入しやすく、砂脈ができやすかった。地下ガスは、その砂脈のある柱穴を経て床下から建物内に浸入し、気密性の高くなった建物内に滞留した。その建物内に発火源となる灯火（ろうそく等）があり、火災が発生した（参照：「図6-11　地下構造物と液化流動の発生しやすさ」の中の「正倉」）。建物に気密性がない時代、或いは灯火がない時代には、発生しなかったが、中世、新たな技術が使用され、それにより火災が発生するようになったと考えられる。

参考　6-5　弘仁地震と液化流動現象

　弘仁地震は、理科年表には「818（年）（弘仁9〈年〉7〈月〉）、M ≧ 7.5、関東諸国：山崩れ谷埋まること数里、百姓多数圧死した．（以下省略）」と記載されるような大地震であったが、詳しい記録は史料に残っていない。近年、考古学及び地質学の分野での現地調査等により、この地震による大規模な「液状化」の痕跡が数多く発見され、大地震であったことが明らかになっている。

　『古代東国の考古学2、古代の災害復興と考古学』（注6-12）の「武蔵国北部の液状化現象と復興」は、その調査の一つであり、埼玉県深谷市内の遺跡調査により明らかになった弘仁地震の被害が、以下のように記されている。

> 　利根川中流域の沖積平野では、弘仁地震で発生した<u>液状化現象の痕跡</u>が、（中略）報告されている。（中略）弘仁地震によって、傾きながら<u>地面に沈んだ高床倉庫</u>を、深谷市皿沼西遺跡で発見した。<u>掘立柱建物</u>の柱が、<u>柱穴の掘りかた底面を突き破り、地中深く入り込んだ痕跡</u>をみつけたのである。（中略）
>
> 　柱穴内に見られた液状化の痕跡は、柱の周囲に回り込んだ液状化した砂脈と分かったのである。（以下省略）

　この〝液状化現象の痕跡〟の状況を示す平面及び断面図が、埼玉考古学会等の「深谷市皿沼西遺跡（第5次）の調査」（注6-13）等で報告されている。

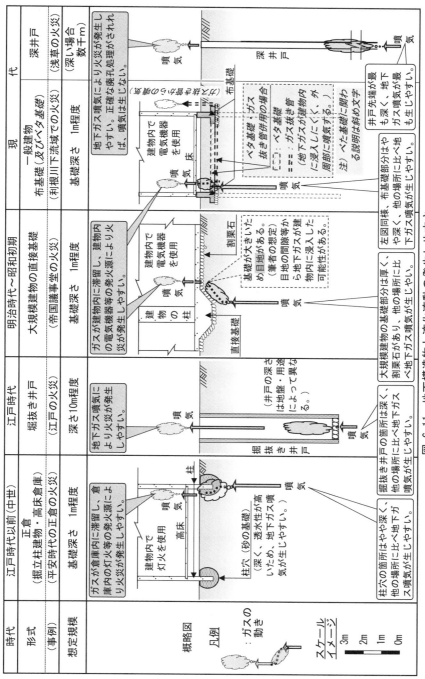

六章　学際的取組み

図 6-11　地下構造物と液状流動の発生しやすさ

「図6-12　皿沼西遺跡　第5次調査結果概要図」は、その抜粋で、〝地面に沈んだ高床倉庫〟が、その図6-12に示す「第5次8号掘立柱建物」である。この調査範囲全域に「液状化」の痕跡である〝砂脈〟が多く点在し、この高床倉庫周辺の約300㎡の範囲にも数多くの砂脈があることが分かる。この柱穴には、地下水及び地下ガスが流れ込みやすく、火災も「液状化」も起きやすい構造であったと考えられる。

　この遺跡は、地下ガス貯留のある利根川流域に位置すること、また、この高床倉庫は正倉に類似した建物であることから、「日本後紀」記された「神火」は、このような「正倉」で発生し、この出火原因は、新たな仮説①に記したように「液状化」による〝砂脈〟からの地下ガス噴気であった可能性がある。

　このような遺跡に刻まれた地震の痕跡から地震を研究する分野として「地震考古学」が、産業技術総合研究所地質調査所の寒川旭氏によって、1988年に提唱された。それに関連した内容が『発掘調査のてびき─集落遺跡発掘編─』（注6-14）に記されている。この「てびき」の「土層をより深く理解するために」と記された説明の中に、「堆積後の変形構造」の項があり、以下「液状化」等に関する記載である。

　　物理的作用による変形　　堆積層を変形させる物理的要因には、乾燥、凍結、荷重、地震動、重力などがある。これらによってできる変形には、（中略）液状化、噴砂、断層、（中略）などがある。

　地震考古学が提唱されるまでは、〝噴砂（砂脈）〟等は遺跡調査の対象でなく、噴砂が遺跡調査の地層に出現しても見落とされ、ほとんど報告されることはなかったが、これが提唱された後、この「てびき」等に従い、〝液状化〟の痕跡が数多く報告されるようになった。このような「液状化」の痕跡を詳細に記録した皿沼西遺跡等の報告は、考古学上の成果であり、また、前掲の「群馬県烏川中流域のテフラ層中にみられる液状化現象とその意義」は地質学上の成果である。

　これまで過去の地震規模・被害の想定は、古文書の調査が主体で行われていたが、中世以前の史料は限られており、その想定には限界があった。これら地層に残された古くて新しい記録を積極的に活用することにより、「液状化」の実態が明らかになると考える。

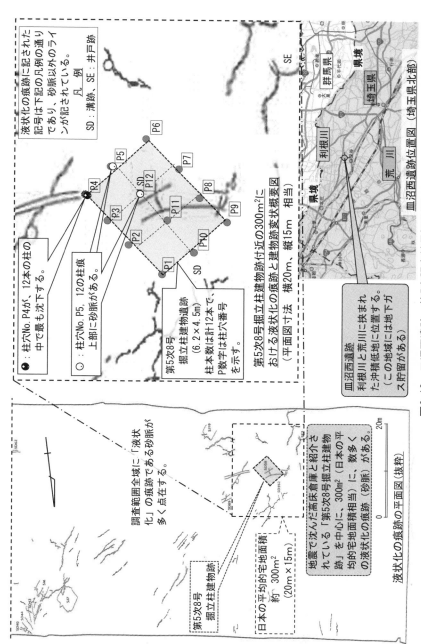

図6-12　皿沼西遺跡　第5次調査結果概要図

(b) 近世の怪火

　江戸時代、飲料水確保のために、深い井戸を掘る技術が発達し、かつ、人口急増により大量の井戸水が汲み上げられた。火災が頻発し、怪火もあった。その怪火の一因には、「地下水の汲み上げにより、深い層にあった地下水が上昇し、その地下水から遊離ガスが発生しやすくなり、気圧低下によってガスのふき出しがある」と、「2.4　(2)（c）火災の類似性（参照：p80）」に記した通りであり、大量の井戸水の汲み上げがない時代には、発生していなかった。

(c) 近代の怪火・不審火

　明治時代も火災が多発し、その中に出火原因不明の火災も多く、その代表的な一事例が、1891（明治 24）年の帝国議事堂の火災である。その記録が「議会制度百年史―別冊―，目で見る議会政治百年史」（注 6-15）にあり、出火当時発見者である守衛の報告内容は「**廊下天井隅に、一点蛍光の如き青色の光輝を発見致し……**」となっている。出火原因には漏電説もあったが、最終的には不明であった。この議事堂の基礎の図面は残っており、図 6-11（前掲）の中の「**大規模建物の直接基礎**」の通りであった。基礎は厚く、その基礎下に割栗石（割栗石：「**道路・石垣や建物などの基礎工事、または地盤を固める時などに用いる、大きくない割石**」広辞苑より）が敷き詰められ、地下水等が流れやすい構造であった。〝**蛍光の如き青色の光輝**〟とは、ガス引火の可能性があり、その真相は次の通りと考える。

新たな仮説②：

　柱直下の厚いコンクリート基礎の下には割栗石があり、深い基礎や井戸と同じように、地下ガスが他の場所に比べて浸入しやすかった。さらに、その浸入した噴気は、薄い床の継ぎ目等から建物内に浸入し、建物内の限られた空間を浮上し、天井隅に滞留した。そこに発火源となる電灯等があり、火災が発生した。電気がない時代には、発生していなかった。

(d) 近年の「不明・調査中」の火災

　地下ガス噴気による火災・爆発は、近年も頻発している。1973（昭和 48）年、東京都台東区浅草周辺で、連続して火災が発生した。その概要は、新聞で報道さ

れており次の通り。

> 　東京浅草地区で先月以来、床下から噴き出した天然ガスが爆発する事故が相次いでいるが、東京都消防庁の21日までの調査で、このガスは有機物から発生するメタンガスでなく水溶性の天然ガスであることが明らかになった。
> （以下省略）（1973年11月22日　日本経済新聞　朝刊）

なぜ、この時期に頻発したのか。真相は次の通りと考える。

新たな仮説③：
　この地域では、この頃、天然ガス採取の禁止に伴い、地下水の汲み上げが止められ、低下していた地下水位が回復を始めた。地下水位の回復（上昇）により、地盤の間隙中に残っていた地下ガスがふき出しやすくなった。噴気は、井戸等を通って家屋内に浸入し、そこに電気機器等の発火源があり、火災が発生した。地下水位の変化・井戸・電気機器によって発生した火災である。この3つの内1つでもなければ、例えば井戸の〝<u>正確な廃孔処理</u>〟が実施されていれば、この火災は発生しなかったのであろう（参照：図6-11及び「参考　4-5　低気圧通過時の事故事例と対策　(b) 東京下町での気圧低下時のガス噴出」）。

　〝<u>正確な廃孔処理</u>〟の考え方は「2.4　井戸と地下ガス・火災」で記した井戸の〝<u>廃孔処理</u>〟の課題でもあり、必ずしも新たな仮説ではない。

(e) 現代・将来の想定される出火原因不明の火災
　過去と同じように、現在も多様な出火原因不明の火災が起きており、それらの火災は現在及び将来の課題でもある。ここでは、影響が大きいと考える2点について記す。

①建物基礎
　「参考　1-3　類似事例：利根川下流域での火災（参照：p48）」に記した建物基礎は、布基礎で地下ガスが床下から建物内に浸入しやすい構造であり、その構造が火災発生の一つの原因であった。一方、最近の建物基礎は、耐震性に優

れている等の理由により、布基礎でなく、ベタ基礎（建物の下全面にコンクリートを打ってある基礎）が推奨されており、このベタ基礎は、建物下部がコンクリートで閉塞されており、地下ガスが床下から浸入しにくい構造である。

　建物基礎とは建物を支えるためにあるが、地下ガス貯留がある地域においては、地下ガスの浸入のしにくさ、つまり、遮断性も考慮して、ベタ基礎を採用することも一つの対策となる。

　類似の対策事例が、2004年7月、千葉県九十九里いわし博物館で地下ガスによる爆発事故があり、その事故後発行された「施設整備・管理のための天然ガス対策ガイドブック」（前掲）で紹介されている。その対策事例には、ベタ基礎の採用があり、さらに、その基礎の下に、「井戸の息抜き」のように、ガス抜き管を設置すること等がある（参照：図6-11〈前掲〉の「一般建物」）。

　このガス爆発事故では1名が亡くなり、報道等で大きく取り上げられ、千葉県では、天然ガスが原因と発表しているものの、消防の出火原因の分類では、「原因不明」と扱われている。その原因の特定が不明確であるためか、これらの対策が示されながら、あまり周知されておらず、継続課題として残されているようにも思える。

②原子力発電所への影響

　原子力発電所用地内でも火災が起きていて、その出火原因が断定されていない火災もある。「地下ガスによる火災」の検証過程で、原子力発電所用地内でも同じような現象が起きている可能性があると判断するに至った。この実態と課題については、次章に記すが、これまで、このような視点から検証されたことはなく、全く新たな課題である。

　科学技術が進むに従い、多様で取り扱いやすい火気が開発され、現在使用されている電気機器は火気の一つでもあり、その安全性は向上している。しかし、携帯用も含めほとんどすべての電気機器は、地下ガス噴気が発生する環境下において、発火源であることに変わりはない。私たちは、「気圧低下」、「地下ガス噴気」、そして、安全性が向上しても発火源となる「電気機器」を、三つの各々の分野で、別々に調査・研究等おこなってきたため、その三つが関連して起きる火災があると認識することができなかった。

「文明が進めば進むほど天然の暴威による災害の激烈の度が増す」と前掲の寺田寅彦氏が記している。関東大震災では、過去に同程度の地震動があったにもかかわらず、我が国の自然災害史上最悪の被害が出て、また、「図 0-1　地球の歴史」に記した近年の大きな地震でも、最新の科学技術によって創られ、極めて安全であるとされていた社会基盤に深刻な被害が出ており、これらは〝激烈の度〟が増した災害の事例である。そして、〝激烈の度が増す〟のは、文明の一つである科学技術の中に、見落とされている点があるためであり、その見落としの一つに、地下ガス噴気あると考える。地下ガス噴気による災害は、本質的には自然災害であるが、地下ガス噴気が自然法則に従って発生すると理解されていないために起きる人災である。特に、社会基盤が科学技術によって巨大化し、密集化した社会環境下で起きれば、悲惨な人災になるのであろう。

　以下、人災を防ぐための「地下ガス噴気の危険度判定と予測」の試案を記す。

> **参考　6-6　試案：地下ガス噴気の危険度判定と予測**
>
> 　私たちは、電気と同じように、ガスの恩恵を日々受けているが、恩恵とは逆に、その噴気によって危害を被ることがあり、その代表的危害が火災である。その火災発生の危険性の高さは、地域によって異なり、その地下水層に潜んでいる地下ガスの溶存状態によっている。地域によって異なる地下ガス噴気の危険性を明らかにし、危険性がある地域においては、地下ガス噴気の予測と対策が必要である。
>
> 　第二章に記したように、井戸内には、「地下ガス噴気の自然現象が、真っ先に現れる」特性があり、その特性を活用して、「井戸」を用いた 2 つ減災のための対策の概要を、以下に記す。
>
> **①地下ガス噴気の危険度判定**
>
> 　第二章に、「『ガス田』及び『推定・予想産油・産ガス地帯』に分類される地域では、地下ガスによる火災発生の危険度が高いと考えられる」と記し、「地域によって異なる危険度を明らかにするためにも、……ガス徴候を、……各地域において、確認すべきなのであろう」と記した。確かに、ガス徴候は、地下ガス噴気の危険度が高いことを定性的に示し、かつ、私たちは直

接視覚で、その危険度を確認することができ、この徴候は一つの重要な指標である。しかし、そのガス徴候から、その危険度を定量的に判断することは容易でなく、井戸を活用することにより、次の方法で定量的な危険度判定を行うことができる。

目的：地下水層に潜んでいる地下ガスの溶存状態を明らかにし、その地域における地下ガス噴気の危険度を判定する。

試験方法：井戸を設置し、その井戸内を、人為的に気圧低下の状態にすることにより、地下ガス噴気を強制的に発生させ、その発生状況から、その地域における地下ガス噴気の危険度を判定する。

　なお、地下ガス噴気の発生の有無は、ガス濃度の増加で判定し、気圧低下の状態は、井戸上部を密閉し、井戸内の密閉された空間を圧力ポンプで減圧させることにより、作り出す。

判定方法：小さい減圧で、地下ガス噴気が確認されれば、危険度は高く、大きい減圧で、同噴気が確認されれば、危険度は高くないと判定できる。また、大きい減圧でも、同噴気が確認されなければ、危険度は低いと判定できる（参照：「図6-13　地下ガス噴気の危険度判定装置概要図とその判定模式図」）。

②地下ガス噴気の予測とその対策

　地下ガス噴気の予測と対策は、以下の通りである。

目的：気圧低下による地表への地下ガス噴気を予測する。そして、その危険に対して対策を実施する。

予測方法：井戸を設置し、その井戸上部を開放し、その水面には気圧が作用する状態にしておき、気圧低下時、井戸内に真っ先に発生する地下ガス噴気を捕捉し、井戸内への地下ガス噴気の発生の有無を確認することにより、地表への地下ガス噴気を予測する。

　なお、井戸内への地下ガス噴気の発生の有無は、上記危険度判定と同様、ガス濃度の増加で判定する。

対策方法：上記予測結果に連動する電力遮断装置及び警報装置を備えておき、必要に応じ、電力遮断装置で遮断が必要と判断された電力を遮断し、かつ、警報装置で、地表への地下ガス噴気の発生予測を、周囲の人に周知し、火気使用を制限する等により、地下ガス噴気による災害を防止する。

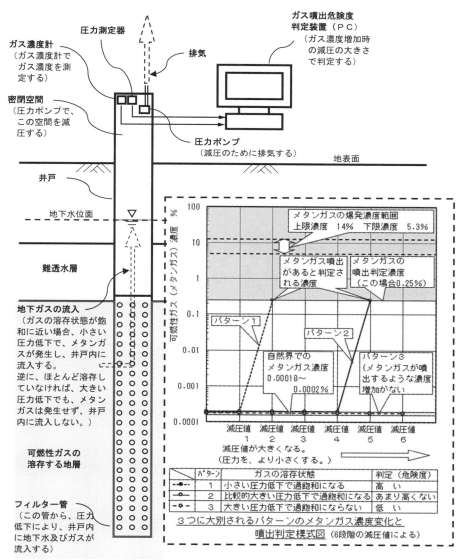

六章
学際的取組み

図6-13　地下ガス噴気の危険度判定装置概要図及びその判定模式図

205

特に、危険度が高いと判定された地域では、上記予測を確実に行うととも
に、対策の実施のために、上記警報等の受発信体制を整えなければならない。

　私たちは、日本列島に暮らし、これまで多様な自然災害を受け、火山や地震等
と共生してきたように、地下ガス噴気とも共生しなければならない。火山や地震
等の自然災害への対策が完全ではないように、地下ガス噴気も自然災害ととらえ
れば、完全に防ぐ対策はないのであろうが、人災であると理解し、悲惨な人災は、
私たちの知恵で防がなければならない。

第七章

原発用地と地下ガスの課題

　既存の資料によれば、地下ガスが貯留している原子力発電所用地がある。地下ガス貯留があれば、原発用地内でも自然法則に従い、これまで理解されていなかった地下ガス噴気が発生する可能性がある。この内容の重要性を考えれば、より深い検証に基づいて記すべきであろうが、先ず議論のたたき台としたく、最後本章に記す。

▼7．1　原子力発電所でのトラブル評価と火災・液化流動事例

　原子力発電所では、東日本大震災時の福島第一原子力発電所の深刻な事故だけでなく、毎年数多くのトラブルが発生している。その状況は電力会社等の各機関によって報告されているが、その報告には地下ガス噴気が関係する課題がある。先ず、原子力発電所で発生しているトラブルの評価・報告方法とその事例を記す。

（1）トラブル等の評価分類と課題

　各々のトラブル発生時、その原子力発電所を運営している電力会社等によって、そのトラブル等が国及び自治体へ通報され、また、報道機関を通じて迅速に公表されると共に、各社ホームページ等でそれらの情報が公開されている。

　それらトラブルの内、産官学で情報を共有化することを主な目的として、一般社団法人原子力安全推進協会（略称：原安進）が、トラブル情報サイト「ニューシア（NUCIA：原子力情報公開ライブラリーを意味する英語名称　Nuclear Information Archives　の頭文字をとった略称）」を運用している。私たちは、随時公開されるこのサイトの情報から、国内の過去及び現在のトラブル等を知ることができる。

　また、原子力関連事故の重大性は、国際原子力機関（IAEA）等が定めた国際

原子力事象評価尺度（INES）に従って、評価されると共に、INES とは別に電力会社等の各事業者の「不適合管理の枠組み」に従って、評価されるようになっている。

　INES 等の評価区分方法の概要を、以下に記す（参照：「表 7-1-1　原子力発電所におけるトラブル情報等の区分方法とその事例」）。また、その評価等の課題を具体的に示すために、2007 年の新潟県中越沖地震時、東京電力柏崎刈羽原子力発電所内で起きた地下ガス噴気が関係すると考えられるトラブル事例の内容を合わせて記す。

　事故・トラブル等発生時、各機関によって、事故・トラブル・不適合事象等の用語が用いられ使い分けられている。本書では重要度として、事故、トラブル、不適合事象の順に低くなると考えるが、基本的に、各機関で用いている用語をそのまま使用することとし、各々の用語の使い分けには特にこだわらない。

参考　7-1　中越沖地震の概要

　理科年表の「日本付近のおもな被害地震年代表」に次の通り記されている。

> 2007（平成 19）7　16、M6.8　Mw6.6
> 　新潟県上中越沖（震源）：『新潟県中越沖地震』：（中略）震源域内の<u>原子力発電所</u>が<u>被災</u>した初めての例．死 15、傷 2346、住家全壊 1331、半壊 5710．最大震度 6 強（新潟県 3 市村、長野県 1 町）、地震変動・液状化なども目立った．（以下省略）

　そして、〝<u>原子力発電所の被災</u>〟に関しては、『平成 19・20 年度版　原子力安全白書』(注 7-1) の「新潟県中越沖地震による影響」に記され、次の通り。

> 　見いだされた不適合については、事業者（東京電力）として設けている<u>不適合管理の枠組み</u>に従って処理されてきています。地震発生後からこれまでに約 3,600 件の不適合（As/A/B/C/D の 5 段階区分）が確認され、このうち、<u>安全上重要と認められるもの</u>は 85 件（ニューシアへの報告）でした。
> 　地震により生じた不適合の中には、法令に基づき原子力安全・保安院に報告することが義務づけられている「<u>法令報告対象トラブル</u>」に該当するものが 4 件ありました。（以下省略）

表7-1-1　原子力発電所におけるトラブル情報等の区分方法とその事例（東京電力・中越沖地震）（各件数は公表時によって異なるため概数である。）

表7-1-2　中部電力のトラブル情報等の区分方法とその事例

組織	INES（国際原子力事象評価尺度）		ニューシア（NUCIA）トラブル情報等		電力会社（以下の2社の例）							中部電力		
	（放射線事象評価尺度）				東京電力（中越沖地震以前）旧区分		新区分 ※3					事象	区分	
区分等	区分	事象	区分	事象	区分	事象	区分	事象						
INESの対象	レベル7	事故（深刻）	トラブル情報	法令に基づく国への報告の必要となる事象（安全上重要と認められる）	区分As	法令・安全協定に基づく報告事象、など	区分Ⅰ	法律に基づく報告事象等（火災の発生など）				法令に基づく事故・故障・運転の制限の逸脱事象等	クラスA	
	レベル6	事故（大）										是正処置の検討が必要なもの	クラスB1	
	レベル5	事故（広範囲な影響）			区分A	品質保証の要求事項に対する重大な不適合事象、など	区分Ⅱ	運転保守管理上重要な事象				是正処置の検討不要なもの	クラスB2	
	レベル4	事故（局所的な影響）										即時対応により処理可能なため個別管理不要な事象等	クラス外	
	レベル3	重大な異常事象	保全品質情報	国に報告する必要のない程度の軽微な事象	区分B	※2						保安活動に係る品質マネジメントシステム以外の不備 ※4	「―」※4	
	レベル2	異常事象	その他情報	上記トラブル情報・保全品質情報以外の情報	区分C	品質保証の要求事項に対する軽微な不適合事象、など	区分Ⅲ	信頼性を確保する観点から速やかに詳細を公表する事象						
	レベル1	逸脱												
	レベル0	安全上重要でない事象 ※	ニューシアの対象外		区分D	通常のメンテナンス範囲内の事象、など	その他	上記区分以外の不適合事象（例：小修理）						
INESの対象外	評価対象外	安全に関係しない事象												

課題①　火災が発生しても、評価は「安全に関係しない事象」とされる。

課題②　地震沈下（液状化）が発生しても、評価は推定であり、その実態は明らかになっていない。

東京電力：2007年中越沖地震時のトラブル事例と件数等
- INESの対象件数　4件
- 変圧器の火災 ※A
- NUCIAへの登録数29件（その中、合計件数85件）
- 地震沈下（液状化も含まれる）※A
- 全公表件数　約3,600件（NUCIAへの登録は約2.3%）

中部電力：2009年「駿河湾」の地震」のトラブル事例と件数等
- INESの対象件数　ゼロ
- NUCIAの登録：トラブル情報　登録件数0件／保全品質情報　登録件数1件（その中に2件）／その他の情報　登録数1件（その中に51件）
- 地震沈下（その他の情報）として1件、「液状化」※B

備考

※：原子炉や放射線関連施設の運転に起因しない事象は評価対象にならない。ニューシア（NUCIA）登録、登録の検討「要」とその数。水平展開対策等の数

※1：原子炉や放射線関連施設の運転に起因しない事象は評価対象にならない。ニューシア（NUCIA）登録、登録の検討「要」とその数。水平展開対策等の数

※2：旧区分B（国の検査等で指摘を受けた不適合事象）は、中越沖地震後の新区分にはない。登録数29件（不適合含数85件）中 19件　※A：火災は「要」液状化は「不要」

※3：要；見直される区分

※4：「―」は区分として、「クラス外」の下に記されている。53件中 0件　※B：「不要」

上記の通り、理科年表には、液状化が発生したことが明記されたが、白書及びニューシアの報告には、液状化が発生したと記されなかった。

（a）電力会社等の報告・公表

　電力会社等は、原子力発電所の施設・設備の損傷の度合いを、独自に定めた〝**不適合管理の枠組み**〟に従って、判定・対応している。東京電力は、上記白書にも記されているように、中越沖地震当時、不適合事象を５段階に区分し、上位３つの区分、As：「法令、安全協定に基づく報告事象等」、A：「品質保証の要求事項に対する重大な不適合事象等」及びB：「国の検査等で指摘を受けた不適合事象等」が、基本的にニューシアへの登録対象で、下位の２つの区分、C：「**品質保証の要求事項に対する軽微な不適合事象等**」、D：「通常のメンテナンス範囲の事象等」は、登録対象でなかった。ただし、それら下位２つに区分された不適合事象も、同社のホームページで公表されている。

　中越沖地震時の総不適合事象件数　約3,600件の内、ニューシアに報告された比率は約2.3％（85件程度）であり、その中の一つに、火災があった。報告されない比率は約97.7％（3,500件程度）であり、その中に地盤沈下等があり、この会社のホームページで確認できる。この地盤沈下等には、後述するように「液状化」現象も含まれていたが、「液状化」という用語は使われず、関係するトラブルは「**軽微な不適合事象等**」の区分Cと判定された。

（b）ニューシアへの登録

　ニューシア上のトラブル等の区分は、『原子力施設情報公開ライブラリー』（注7-2）の「ニューシアの運用手引き」に記されていて、次の３つに区分されている。

> ⅰ）トラブル情報：法令に基づき国への報告が必要となる情報
> ⅱ）保全品質情報：国へ報告する必要のない軽微な事象であるが、保安活動の向上の観点から電力各社で共有化するだけでなく、産官学でも情報共有化することが有益な情報
> ⅲ）その他情報：上記以外の情報で、原子力発電所運営の透明性向上の観点から電力会社がプレス発表やホームページへの掲載などにより公表している情報

柏崎刈羽原子力発電所での中越沖地震による不適合件数の内、ニューシアに報告された件数は、前記の通り 85 件であったが、複数の不適合が 1 つの登録で報告されており、登録数は 29 件（登録期間：2008 年 10 月まで）となっている。その内訳はトラブル情報が 4 件で、保全品質情報及びその他情報を合わせて 25 件である。参考に、これまでのニューシア登録数は、国内の 18 カ所の原子力発電所等で、約 47 年間に、総数約 6,600 件（2018 年 9 月まで）あり、毎年平均 140件程度と数多くのトラブル等が発生していることが分かる。

　また、この運用手引きには、登録されたトラブル等に対して、「**他プラント（国内原子力発電所）に対する水平展開対策検討の要 / 不要については、原安進で判断し入力する**」とある。さらに、「要」と判断された場合、「**国内各社は、速やかに検討に着手し、検討が纏まり次第、実施状況を登録する**」と記されている。
　つまり、重要度の高いトラブルは、そのトラブルを起こした会社以外の国内各社も、そのトラブルに対して再発防止策を立て、その達成率を公表することになっていて、私たちはその状況をニューシアの情報より確認できる。中越沖地震時、ニューシアへの登録数 29 件（不適合数 85 件）に対し、19 件は水平展開対策検討が「要」であり、その内の 1 件が火災であった。

(c) 国際原子力事象評価尺度（INES）
　国際原子力事象評価尺度（INES）では、その事象の重大性が判断できるよう、発生した事象は、レベル 7（深刻な事故）〜 1（逸脱）に分類され、さらに、その下の尺度に、0+（安全に影響を与え得る事象）、0-（安全に影響を与えない事象）があり、0+ と 0- を一つとし、その尺度が 8 段階に分類されている。ただし、この尺度は、放射性物質の放出などを基準としており、レベル 0 以下の事象は、この 8 段階の評価に含まれず、「**原子炉や放射線関連設備の運転に起因しない事象**」と見なされ、INES 上は「**評価対象外**」とされ、その基準上は「**安全に関係しない事象**」とされる。
　中越沖地震の約 4 ヶ月後、11 月 14 日、東京電力は「**（お知らせ）新潟県中越沖地震に伴う柏崎刈羽原子力発電所のトラブルに対する国際原子力事象評価尺度（INES）の適用について**」と題して、プレスリリースをした。要点は次の通り。

4件が INES 評価され、2件が「0-」評価で、2件が「評価対象外」。4件の内の1件が「**柏崎刈羽原子力発電所3号機所内変圧器（B）における火災**」で、評価は「評価対象外」。

（d）トラブル報告の課題

上記登録等において、次の2点が課題と考えられる。

① 〝柏崎刈羽原子力発電所3号機所内変圧器（B）における火災〟は、東京電力の〝不適合管理の枠組み〟では「品質保証の要求事項に対する重大な不適合事象等」とされる区分Aであり、ニューシアへの報告対象であるが、INES 評価上は「評価対象外」で「安全に関係しない事象」とされた。

②地盤沈下等（液化流動現象が含まれる）は、同枠組みでは「同　軽微な不適合事象等」とされる区分Cで、ニューシアへの報告対象でなかった。

以下、この火災と液化流動事例の内容に関して、その具体的課題を示す。

（2）火災と液化流動事例

（a）火災事例

ニューシアのデータを「検索：火災」で調べると、その件数は過去47年間で、トラブル情報が3件、保全品質管理情報が67件、合計70件（2018年8月現在）となっている。その70件中、他の国内原子力発電所等への水平展開対策検討が「要」の件数が22件ある（参照：表7-2「検索：火災」によるトラブル情報等のまとめ）。22件の内訳は、東京電力柏崎刈羽発電所が5件、中部電力浜岡発電所が4件であり、これらの発電所で数多く発生している。また、この22件中、中越沖地震時の柏崎刈羽原子力発電所で発生した火災1件だけが、重要度が高い「トラブル情報」に区分されていて、この火災は IAEA の査察を受け、その検証結果は公表されている。

この火災は、前記の白書（参考　7-1）でも〝**安全上重要と認められるもの**〟とあるように、「法令に基づき国への報告が必要となる情報」とされた。また、原安進によって水平展開対策検討が「要」と判断され、国内各社へも水平展開され、再発防止が実施されることになった。

しかし、INES では、原子炉や放射線関連設備運転に関係するトラブルが重要

表7-2　「検索：火災」によるトラブル情報等のまとめ
（総数　約6,600件　1971/6〜2018/5　の47年間のデータより）

電力会社名	発電所名	火災トラブルの情報件数（その他情報を除く）			火災トラブルの情報 水平展開対策検討の判定結果		
		発電所別件数			発電所別件数		
		会社別総数	トラブル情報	保全品質情報	要	検討中	不要
北海道電力	泊	1	-	1	0	-	1
東北電力	女川	8	-	6	1	-	5
	東通		-	2	0	-	2
東京電力	福島第一	29	-	9	2	-	7
	福島第二		1	5	0	-	3
	柏崎刈羽		1	13	5	3	8
中部電力	浜岡	9		9	4	1	5
北陸電力	志賀	2		2	1	-	1
関西電力	美浜	4		-	1	-	-
	高浜			2	1	-	1
	大飯		-	2	0	-	1
中国電力	島根	5	-	5	2	-	3
四国電力	伊方	2	-	2	0	-	2
九州電力	玄海	2	-	2	2	-	-
	川内		-	-	0	-	-
日本原子力	東海	8	1	2	-	-	3
	第二東海		-	3	3	-	-
	敦賀		-	2	0	-	2
合　計		70	3	67	22	4	44

（表中注記）2007年中越沖地震時の火災

（表中注記）柏崎刈羽及び浜岡原子力発電所で、水平展開対策検討が「要」と判定された火災トラブル等の件数が多い。

視され、この火災は〝原子炉や放射線関連設備運転に起因しない事象〟であり、〝評価対象外〟で、この評価で判断すると、〝安全に関係ない事象〟と理解されてしまうことになる。ニューシアと INES の２つの評価は、安全上の重要性の視点から見ると、相反するようで、分かり難い。評価・対応等にも課題がある。

（b）液化流動事例

　土木学会等の地震に関連する５学会は、社会的重要性を鑑みるとの立場から、中越沖地震発生７日後、2007 年７月 23 日に、東京電力に対し調査依頼書を提出し、その後、原発用地内の被害調査（８月７日）を行い、原発用地内で「液状化」によって多くの変形が見られたと公表した。

　東京電力でも、不適合事象をホームページ「不適合情報の公開」に随時公表しており、「液状化」に関係した情報も公表された。2007 年７月（地震発生の月）

末の不適合事象の総数は、1740件（7月分、一部地震以外も含む）で、区分Cに、「液状化」に関連した事象として、以下のような事象が列挙された。

　　例1：4号機、屋外建屋周辺地盤の陥没について

　　例2：その他、5-7号機側全体の地盤陥没について　等々

　しかし、東京電力が公開した情報には、上記2例の詳細な報告はなく、「液状化」が原発用地内で発生し、社会的重要性が指摘されながら、「液状化」が生じたとの記載はなかった。また、その評価が区分Cと低かったことにもよるが、重大なトラブルに繋がる可能性があったにもかかわらず、他の原子力発電所等への〝水平展開対策検討〟が「要」でなく、その再発防止策は、このシステム上では立てられなかった。

　この「2007年の中越沖地震時に柏崎刈羽原子力発電所で起きた事象」と、後述する「2009年の駿河湾の地震時に中部電力浜岡原子力発電所で起きた事象」とに類似性があり、それらを検証する。

▼7．2　柏崎刈羽原子力発電所及びその周辺の地下ガスと火災・液化流動

　糸魚川（柏崎市の西方約70km）で火災が多いことは、第一章で既に記したが、柏崎周辺の中越・上越の各都市でも、また、この原発のある柏崎市でも火災が多い。『柏崎市史　下巻』（注7-3）の「第三章　社会と生活　第五節　大火と消防」に、「柏崎は大火の多い町であった」と記されているように、同市には沢山の大火の記録があり、「火災の街」であった。その市史には、それら大火の延焼原因は記してあっても、出火原因はほとんど記されていない。また、2007年中越沖地震時に、柏崎刈羽原子力発電所で起きた火災でも、出火原因は「推定」であり、「断定」できていない。以下、この地域における、地下ガスと火災・「液状化」の関連性を記す。

（1）柏崎刈羽原子力発電所の周辺条件

（a）刈羽村での産油と地下ガス

　柏崎市に隣接する刈羽村では、火災が多い等の記録は見られないが、1964年の新潟地震を含む近年の3つの地震で液化流動が発生した。また、この地域の

特徴は、液化流動の多発があると共に、過去、日本有数の産油地でもあった。採油、そして天然ガス採取の記録が『刈羽村物語』（注7-4）の「石油の刈羽村」の項に記されており、その概要は次の通り。

　石油は1720年頃に発見され、採油が始まった。明治になり石油の重要性が認識され、政府が石油資源調査を行うようになった。明治27年アメリカから新型の井戸掘り機が導入されるまでは、人力による井戸掘りが行われていた。その後、高町付近で、深い地層から産出されるようになり、「**石油産業がもたらした恩恵は大きい。**（中略）**天然ガス供給により、明るい文化の焰をとり入れ、農村としてまれにみる恵まれた環境の中にある**」とある。

　また、『日本石油百年史』（注7-5）には、国内の原油生産量の推移が示されており、この地域周辺の産油の概要は次の通りである。

　1888（明治21）年から昭和にかけての記録があり、日本石油発祥の地、出雲崎の尼瀬（原発用地より北東方約8km）が、当初、国内産油量第一位であった。その後、新潟県内で石油開発が進み、刈羽村の高町油田（原発用地に隣接、参照：図7-1　柏崎刈羽原子力発電所及び旧高町〈刈羽村〉油田付近の概要平面図）が開発され、1931（昭和6）年、この油田での産油量が国内第一位になった。

　高町油田の油田数は、文献「昭和初期の高町油田に関する地図資料」（注7-6）によると、昭和初期から急激に増え、この原発用地（面積約4.2㎢）よりも狭い範囲で200基以上となった。当時の大日本帝国陸地測量部（現国土地理院）の「柏崎」5万分の1の地形図にも多くの油田が記された（参照：図7-1）。『刈羽村物語』に記されているように〝**石油産業がもたらした恩恵**〟は大きかった。しかし、産油量は1931年を頂点として、その当時の乱開発等の影響により激減し、その後、高町の全ての油田は廃棄された。

　当時の高町油田の状況が、『新潟の石油・天然ガス開発の130年』（注7-7）の「越後油田こぼれ話」に、次のように記されている。なお、この「こぼれ話」は「**大型ロータリー式削井機で千間掘り（1800m以上）が始まった年（大正15年）に日本石油に入社したM氏**」が記し、当時の様子として紹介している。

> 　越後線の客となり、柏崎を発って三十分、<u>荒浜駅</u>を過ぎると汽車は油田の真ん中を走り、砂丘の桃林の中に<u>井櫓立ち並ぶ</u>景色が見える。これが高町油帯である。この油帯は<u>刈羽駅</u>でいったん尽きるが、（中略）出雲崎近くまで、延々と続く。

　ここに記された〝**井櫓**〟とは、図7-1に示した井戸であり、この〝**井櫓立ち並ぶ景色**〟が、「写真7-1　高町（刈羽村）油田の景色（笹川勇吉旧蔵絵葉コレクション「北越西山油田高町鉱場」〈新潟県立博物館所蔵〉による）」に撮られている。この写真の手前に写る線路は現在のJR越後線（荒浜駅-刈羽駅間）

写真7-1　高田（刈羽村）油田の風景（「北越西山油田高町鉱場」と記載）
（口絵　8、カラー図　参照）

凡　例
●：高町油田の井戸
　（昭和9年発行の1/5万
　　地形図に示される）

旧後谷油田
（間歇温泉に似た石油
　自噴井あり）

大湊地区
（白い建物が写真7-2の
　液状化発生の鶏舎）

写真7-2
撮影場所
（矢印方向）

日本海

後谷背斜

JR刈羽駅

長嶺・高町背斜

第3、4号機付近
で液状化現象及
び火災発生

柏崎刈羽
原子力発電所

荒浜地区
（液状化発生）

地質想定断面位置

稲葉地区
（中越沖地震時再
　液状化発生）

JR越後線

気泡が発生
している池

高町油田
（1/5万 地質図
　幅 柏崎より）

JR荒浜駅

写真7-1
想定撮影場所
（矢印方向）

図7-1　柏崎刈羽原子力発電所及び旧高町（刈羽村）
　　　油田付近の概要平面図（口絵　9、カラー図　参照）

七章

原発用地と地下ガスの課題

で、図 7-1 に記した想定撮影場所から矢印方向に撮ったと思われ、その地点は原発用地境界から約 500m の距離にある。掘削深さは、1,000m 以上の井戸もあり、当時既に深い地層から石油が産出されていた。そして、〝汽車は**油田の真ん中を走り**〟と記されるように、井戸は線路東側の平野部だけでなく、同西側の〝砂丘〟地にもあり、原発用地境界付近まであった。

　現在、井戸は全て撤去され（参照：写真 7-1 の同地点付近の現在の写真）、その痕跡はなくなっているものの、上記写真を撮ったと思われる地点近くに、ため池（参照：図 7-1）があり、その池から気泡が発生しており、刈羽村のガスのふき出しは、戦前（1930 年代）で終わったのでなく今も続いている。

(b) 柏崎刈羽原子力発電所付近の地質構造

　一般に石油等は、背斜部分に貯留されていると第六章で記しているように、油田のあった同村高町地区は、長嶺・高町背斜と称される背斜（参照：図 7-1、図 7-2　柏崎刈羽原子力発電所及び旧高町〈刈羽村〉油田付近の地質想定縦断図）に位置している。地震の度に液化流動により大きな被害が出るのは、この背斜のガス貯留が影響していると考えられる。

　その背斜の西方約 1.5km にも、後谷背斜があり、柏崎刈羽原子力発電所 3 号機及び 4 号機は、その後谷背斜の南端付近に位置している。その付近では、中越沖地震時に液化流動が発生し、さらに火災も発生している。刈羽村内の液化流動と同様、東京電力により不適合事象であると報告された原発用地内の液化流動と火災の原因は、後谷背斜のガス貯留が影響している可能性がある。なお、この後谷背斜を北に辿ると「6.1 (2) (b) 間欠泡沸泉の類似事例」に記した「後谷油田」（参照：p178）があることは、既に記した通りであり、原発用地境界から直線距離で約 2.5km に後谷油田は位置している。

(2) 柏崎刈羽周辺の砂丘地での液化流動

(a) 原発用地外

　「液状化」は、沖積層で地下水位が高く、粒径の揃った砂地盤で発生しやすいと見なされている。地震が発生すると、沖積層の被害が大きいため、そのような場所の被害が注目されるが、地下水位の比較的深い砂丘地でも、「液状

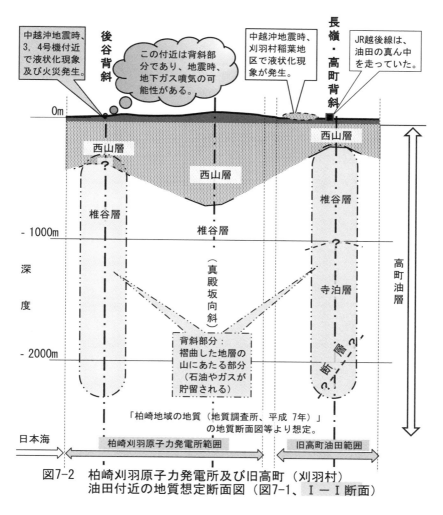

中越沖地震時、3、4号機付近で液状化現象及び火災発生。

この付近は背斜部分であり、地震時、地下ガス噴気の可能性がある。

中越沖地震時、刈羽村稲葉地区で液状化現象が発生。

JR越後線は、油田の真ん中を走っていた。

後谷背斜

長嶺・高町背斜

0m

西山層

？

西山層

椎谷層

西山層

椎谷層

寺泊層

断層？

− 1000m

椎谷層

（真殿坂向斜）

深度

− 2000m

背斜部分：褶曲した地層の山にあたる部分（石油やガスが貯留される）

「柏崎地域の地質（地質調査所、平成7年）」の地質断面図等より想定。

高町油層

日本海

柏崎刈羽原子力発電所範囲

旧高町油田範囲

七章

原発用地と地下ガスの課題

図7-2　柏崎刈羽原子力発電所及び旧高町（刈羽村）油田付近の地質想定断面図（図7-1、Ⅰ−Ⅰ断面）

化」は起きている。その例が、文献「柏崎・刈羽をおそった地震の被害と地盤―2007年新潟県中越沖地震―」（注7-8）にあり、先ず、「まえがき」で**「砂丘地でもこれほどの被害を受けるのかと驚きであった」**と、その専門家の調査団によって記されている。その文献の中の「各地の災害と地盤」に、柏崎刈羽原子力発電所北部に隣接した大湊地域の被害が報告されており**「本地域は、北北東 - 南南西方向に延びる荒浜砂丘の北端の西側砂丘麓にあたり」**（参照：図7-1）と紹介され、一例として、原発用地境界から北に数10mの距離にある鶏舎の被害状況

219

が次の通り記されている。

> 標高 0m に近い所の 3 棟の種鶏場の建物は、（中略）柔らかい砂層の上に盛土をして建てられている。建物と玄関のコンクリートの継ぎ目や前庭の舗装の継ぎ目より液状化による砂が噴出し、前庭一面に広がっていた。この影響で市道に平行に立つ 2 棟の長い鶏舎は、西側のものが東側へ、東側のものが西側へそれぞれ傾いていた。また、鶏舎の屋根は長さ数十 m の波長で波打っていた。

　この鶏舎は、砂丘地で液化流動が起きた証拠であるかのように、筆者が訪れた震災後約 10 年経った 2018 年 8 月当時も、2 棟の長い屋根は波打ったままに残され「写真 7-2　鶏舎の変状」の通りであった。

写真7-2　鶏舎の変状　（口絵 10、カラー図　参照）

b）原発用地内

　地震発生後、土木学会等によって行われた被害の実態調査は、「5 学会合同による柏崎刈羽原子力発電所中越沖地震被害調査と報告」（注 7-9）として、公表された。東京電力の「不適合情報の公開」では、〝地盤陥没〟等と報告されていただけであったが、5 学会合同の調査の「被害概要のヒアリングおよび現地調査からの所見のまとめ」で、以下の通り〝液状化〟があったと記された。

> 原子炉の建物は、現地の沖積地盤を取り除いて岩盤上に建設されたが、取り除かれた地盤は、建物周辺で埋め戻されている。この地盤の被害としては、ゆすりこみによる地盤の沈下や、液状化による変形などが多く見られた。

その報告には、「液状化による地盤の沈下」と記された写真が添付され、その写真にスケール等は示されていないが、その沈下状況の背景に写った工事用足場等から、深さ1m以上の大きな沈下が生じたようである。そのような地盤変状の実態を踏まえてか、調査に参加した専門家の一人が、「液状化」状況に関して、別の関連する報告書資料で、次の通り記している。

> 　液状化や揺すり込み沈下が発生した箇所は、盛土・埋め戻し部分なのか、地山（自然堆積土）であるのか徹底的に現場調査を行い、実態を明らかにすべきである。地山（洪積層の番神砂層、第三紀層の西山層）が液状化したとなれば、我が国の耐震基準における液状化判定方法を抜本的に再検討する必要が生じる。

　この報告は、現在の〝耐震基準における液状化判定方法〟では「液状化」しないとされる〝第三紀層の西山層〟等で、「液状化」が生じた可能性があるとの考えから記述したと思われる。なお、この〝西山層〟は、原子力発電所の原子炉建屋及び主要構造物の基礎地盤となっている。

　その後、この地震により発電を停止していた原子力発電所の再稼働に当たって、これまで検討の対象でなかった深い地層も「液状化」の対象層とする等、新たな考え方を取り入れて、構造物の安全性が検討され、当時の原子力安全・保安院に提出された。その検討は、基本的に従来の考え方の踏襲であり、中越沖地震時に原発用地内で、現行の〝耐震基準〟等では想定されていなかった液化流動現象が生じた可能性があっても、その実態が〝徹底的に現場調査〟されたか、また、「液状化」に関する耐震基準の〝抜本的再検討〟がされたか、明らかでない。

(3) 柏崎刈羽原子力発電所の特殊性

　この原子力発電所の設置申請当時（1977年）、『柏崎・刈羽原子力発電所原子炉設置許可申請書本文及び添付書類の一部補正』（注7-10）が国に提出された。その書類には、基礎地盤・火災等に関する考え方が記された。

(a) 基礎地盤と液化流動

　申請書には、「基礎岩盤の安定性に関する検討報告書」があり、「**基礎岩盤の安定性が十分であることを明らかにしている**」と記された。また、当時課題になっていた「液状化」に関しては、上記申請書の追補に、新潟地震時の刈羽村の被害状況が次の通り記された。

　　被害は刈羽村全村にわたっているが、海岸線に沿う砂丘地（高さ50m程度）では**ほとんど被害はなく**、平野部特に越後線刈羽駅付近に被害が集中し、沈下量約40㎝、地下水や**砂の噴出口**が随所にみられ、構造物の不等沈下による傾倒・地盤のき裂が顕著で軒並みに被害を受けた。

　　この地域は大正年間から昭和14〜15（1939〜40）年ごろまでは帝国石油の油井が立ち並び、現在その古井戸が随所に廃棄されたまま、周辺を一部埋め立て、軟弱なでい（泥）土層の上に住家が建てられたところに問題がある。付近一帯は地下水面がかなり高く、<u>地震と同時に古油井から油を含んだ地下水が大量に噴出し、そのため付近一帯浸水した。</u>（以下省略）

　原発用地のある刈羽村には、昭和初期まで油田があったことも、地震時に「液状化」が生じていたことも理解されていた。しかし、「液状化」による被害は、以下に記すように、当時過小評価されると共に深層の影響が考慮されていなかった。

≪過小評価について≫

　原発用地となる砂丘地は、〝**ほとんど被害はなく**〟と記されているが、「全く被害がない」ではない。被害とは、「**損害をこうむること。**（広辞苑より）」で、また、損害とは「**そこない傷つけること。不利益を受けること。**（広辞苑より）」である。当時、この砂丘地は製紙会社の森林であり、〝**砂の噴出口**〟ができても、不利益を受けるような被害はなく、被害が発生したと認識されなかったと考えられる。したがって、〝**ほとんど被害がなく**〟との記述で、液化流動現象が生じなかったと判断することはできない。

　実際、中越沖地震時の「液状化」現象の発生状況からも、同様の判断になると考えるが、当時のその付近の「液状化」の状況とその判断等は以下の通りである。

①地質調査所の 1/5 万の地質図幅「柏崎」によれば、この原発用地の地質区分は、ほぼ全域が荒浜砂丘砂層である。

②北側には既に記した大湊地区が、また、南側には荒浜地区があり、両地区とも原発用地同様、荒浜砂丘砂層にあり、原発用地は両地区の中間に位置している。

③中越沖地震時、大湊地区（被害建物から原発用地までの距離　数 10m）及び荒浜地区（同距離　約 300m、参照：図 7-1）の荒浜砂丘砂層で、「液状化」により被害が出ており、同じ荒浜砂丘砂層でその中間地点にある原発用地だけが「液状化」が生じず、ほとんど被害がなかったと考えることは難しい。

≪深層の影響について≫

〝地震と同時に古油井から油を含んだ地下水が大量に噴出〟とは、液化流動時、噴出する地下水に油が含まれていることを、そして、この現象は、油のある深い地盤が影響していることを示している。現行の液状化に関する耐震基準等では、「深さ 20m 程度以浅の地盤で液状化が生じる」と考えられているが、このような深い地盤にある油が噴出する現象は、このような基準の考え方では生じない。これら現象は、基準そのものを見直さなければならないことを示していると考える。

重要な構造物の基礎地盤の検討に当たっては、基礎表面付近の安定性だけでなく、その基礎より深部にあるガス貯留と液化流動の検討が不可欠である。

参考　7−3　貯留ガスのふき出し範囲と調査

　地層は複雑であり、地下ガスの貯留場所が判明しても、地表のふき出し場所を明らかにすることは容易でない。特に、水平に連続する透気性の高い地層が地下深くにある場合、ガスがその地下深くの地層を通って水平に移動し、思わぬ場所からふき出すことがある。そのふき出し範囲を想定することは難しいが、参考となる考え方がある。それは、地下水の多い地盤を深く掘削する場合、その「地盤に圧縮空気を送る（圧気工法と言う）」ことがあり、その空気は最終的に地表にふき出すが、そのふき出し範囲を示す考え方であり、以下の通りである。

　「地盤に圧縮空気を送る」工事を行うと、その空気が地層内を流れる際、

酸素が消費・吸収されて酸欠空気となり、その酸欠空気が地表に噴気し、その噴気によって事故が発生する危険がある。特に、水平に連続する透気性の高い地層が地下深くにある場合、思わぬ場所から、酸欠空気がふき出すことがある。その危険を回避するために、事故防止の規則（酸素欠乏症等防止規則等）で、その工事の周囲 1km の範囲で酸欠空気が漏出するおそれがある箇所では、酸素濃度を調査しなければならないことになっている。

この規則は、地点直下にガス貯留がなくても、1km 程度離れた場所に地下ガス貯留があれば、ガス噴気が発生する可能性があることを示している。柏崎刈羽原子力発電所用地内のガス貯留を調査し、確認することも重要であろうが、直下のガス貯留の有無にかかわらず、既に「参考　7-2　高町（刈羽村）油田の状況」に記した通り、用地から 500m 以内の場所に石油井戸があったことを考えれば、原発用地内からもガスがふき出す可能性がある。

（b）火災の出火原因推定と課題

原発の建設計画時、火災対策が立てられ、同申請書の基本方針の中の「火災に対する設計上の配慮」に、「火災についての深層防護」の考え方が示されている。

> **火災発生により原子力発電所の安全性が損なわれることを防止するために、**
> （1）**火災の発生防止**
> （2）早期火災検知ならびに早期消火
> （3）必須の安全機能が火災により損なわれないこと
> 　の三つの原則の適切な組み合わせで設計するという、いわゆる「<u>火災についての深層防護</u>」の設計思想に従い、火災対策設計を行う。

その方針に従い、火災対策設計が行われているが、原子力発電所内で少なからず火災が発生している。特に、中越沖地震時に発電所内の火災が深刻な問題となり、国内外で注目された。その火災に関する原子力安全・保安院及び IAEA 調査団の報告概要等は以下の通り。

国際原子力機関（IAEA）の調査が行われ、その調査結果は、原子力安全・

保安院から、「新潟県中越沖地震による柏崎刈羽原子力発電所への影響に関する IAEA 調査団報告書（結論部分）の発表について」（注 7-11）と題して、2007 年 8 月 18 日に日文（英文の訳）で公表された。その時のポイントは「**安全機能は確保された**」であったが、火災については、後日、原子力安全・保安院によって仮訳され、「**変圧器の基礎の地盤に起こった大きな変位（沈下）が原因での短絡により火花が発生し火災が生じた。その火花が変圧器から漏れた絶縁油に引火した**」と報告された。

この火災時、原発内の消火設備のトラブル等によって、東京電力による自力消火が出来なかったこと、つまり〝**早期消火**〟が出来なかったことが問題となったが、地震により発生したトラブルの中で、解決されずに残っている大きな問題は、その出火原因は「断定」されていないことであり、次の通りである。

この火災原因調査は、柏崎市消防本部より消防庁長官に対してその調査要請があり、消防研究センター等によって行なわれた。その調査結果は、「東京電力柏崎刈羽原子力発電所内で発生した変圧器火災の調査結果（消防研究所報告）」（注 7-12）に記されていて、その出火原因は、同報告の「発火の推定」の項で、「（接続ダクトから）**噴き出していた絶縁油が主にアークの熱により発火したものと考えられる**」と報告された。なお、「推定」の定義は、消防の火災原因調査規程では、「**信頼性のある資料によっては直接判定できないが、推理すれば合理的に一応その原因が推測できることをいう**」であることは、第一章で記した通りである。

また、東日本大震災時、福島第一原子力発電所の所長であった故吉田昌朗氏は、当時原子力設備管理部長の立場で、雑誌『電気評論』の「新潟県中越沖地震の柏崎刈羽原子力発電所への影響と今後の取り組み」（注 7-13）で、この出火原因に関して「**変圧器二次側の接続母線ダクト部の支持構造物が沈下したために、ダクトと接続端子が短絡（ショート）し、漏えいした絶縁油に引火したものと推定**」と記していた。

225

設置許可申請当時、液化流動現象に伴って地下ガス噴気が発生するとの考えが なく、対策が立てられなかったことは当時の科学的判断に基づいており、仕方が ないとしても、出火原因の断定が出来なかったこと、また、〝<u>早期消火</u>〟が出来な かったこと等、計画当初の〝<u>火災についての深層防護</u>〟が徹底されていなかった。

　特に、出火原因が「断定」でなく、「不明・調査中」「推定」等であれば、それに 携わる人にとって、課題が残り、その課題の追求から解決策が見いだせる可能性 が残ると考えるが、「<u>漏えいした絶縁油に引火したものと推定</u>」でなく、「<u>漏れた</u> <u>絶縁油に引火した</u>」（原子力安全・保安院　仮訳）と発表し、〝<u>推定</u>〟が消えた時点 で、課題として認識されなくなり、〝<u>火災の発生防止</u>〟が困難になるのであろう。

▼7．3　浜岡原子力発電所及びその周辺の地下ガスと液化流動

　ニューシアに登録された火災トラブルの中で、水平展開対策検討「要」の件数 が、柏崎刈羽原子力発電所（5件）と浜岡原子力発電所（4件）の2つの発電所 で多いと記したが、この件数の多さは、偶然でないようである。柏崎刈羽原子力 発電所の周辺で発生した類似現象が、浜岡原子力発電所の周辺でも起きており、 その地下にはガス貯留があり、同じような課題を抱えている。

(1) 浜岡原子力発電所の周辺条件

（a）浜岡原子力発電所周辺でのガス田・油田と地下ガス

　第二章に、古事記で「荒れすさぶ神」と記された舞台は、現在の焼津市である と考えられており、この地域には焼津ガス田（参照：「図2-6『日本油田・ガス田 分布図』と火災関連内容とその位置図」及び「図7-3　浜岡原子力発電所周辺各地での ガス田と液化流動現象」）があり、近年まで地下ガスがふき出ていた。『焼津市史 民俗編』（注7-14）の「東益津、天然ガスの利用」に、その一例が次の通り記さ れている。

> 　石脇地区（浜岡原発の北北東約30km）は（中略）**天然ガスの湧出がみられる。** （中略）**少量ながら常時ガスが噴出しており、大雨のあとの水たまりから泡 が浮きだしてくる**のを見ることができる。（以下省略）

　〝<u>大雨のあとの水たまりから泡が浮きだしてくる</u>〟だけでなく、〝<u>少量ながら常</u>

静岡大井川河口ガス田
（2008年7月　経済産業省が公表）
「この中の一部地域においては、地下水に天然ガスが溶存している可能性あり」

焼津市石脇地区から
天然ガスが湧出

静岡市

焼津市

焼津ガス田
（日本油田・ガス田分布図による）
（ガス採取は現在も継続）

油田の里公園
（旧相良油田の一部）

大井川

相良油田
（日本油田・ガス田分布図による）

①千濱村砂丘地
（噴砂あり）

榛原郡
吉田町

新野村（現御前崎市）（地震時メタン発生地点）

地頭方村（現牧之原市）
落居（旧石油採取地点）

牧之原市

白羽村（現御前崎市）
（旧石油採取地点）

（朝比奈）

（比木）

駿河湾

（千濱）
（新池田）

御前崎市

（地頭方）

（佐倉）

「極秘　東南海大地震調査概報」
等の記載より
・佐倉村及びその周辺の白羽、新池田・比木・朝比奈の町村で噴砂が発生（以上　旧称）
・図中の丸数字①、②、③も東南海地震時に発生する。

（白羽）

浜岡原子力
発電所

原子力発電所周辺各地で多数の「液状化」及びメタン発生等が確認されている。

御前崎

凡　例

▭▭：昭和19年　東南海地震
発生時の行政区分と噴砂等の発生町村

遠州灘

②神子新田
（噴砂あり）

③白羽村中心部
（地割等発生）

図7-3　浜岡原子力発電所周辺各地でのガス田と液化流動現象

227

<u>時ガスが噴出して</u>、と記されているように、泡が浮き出していなくとも、地下ガス噴気が生じており、この地区の住民は、地下ガスを理解し、新潟県十日町市の蒲生地区と同じように、近年までこの地下ガスを生活に利用していた。

　また、その焼津と浜岡原子力発電所の中間付近に相良油田（参照：図 7-3）があり、昭和 30 年代まで石油が採取されていた。『地域地質研究報告　御前崎地域の地質』（注 7-15）の「応用地質」の項に、その油田が記されており、以下その抜粋を記す。

> 　相良油田の主要産油区域は相良町（現牧之原市）時ケ谷西方から新田を経て大知ケ谷に至る（中略）女神背斜軸の 200-400m 程西方に当たる。原油はガスを伴って菅ケ谷互層中に胚胎（胚胎：「地層に資源が存在すること」）し、小規模の断層にトラップされている。

　この油田地域の一角に、昔の石油採取の様子を学ぶことのできる「相良油田の里（牧之原市、浜岡原発北方約 8km）」があり、当時使用されていた石油井戸が残り、現在も、その井戸からわずかではあるが石油及びガスがふき出している。

　さらに、2008 年、経済産業省が『工業用に地下水を採取する事業者の方々等に対する情報提供と注意喚起』（注 7-16）と題し、その関連の事業者に対して「静岡大井川河口ガス田」を公表している。この目的は、この地域の地下水には天然ガスが溶存しており、地下水取水時に、ガス発生の危険があることを周知することである。その範囲は、大井川河口付近を中心に、前記の焼津ガス田、相良油田を含み南北約 40km、東西約 20km であり、浜岡原子力発電所用地全域が、このガス田の範囲に入っている（参照：図 7-3）。

　また、そのガスを貯留する地層に関して「<u>主な天然ガス胚胎層は、相良層群の時ケ谷層、相良層である</u>」と記されていて、この〝<u>相良層</u>〟は、浜岡原子力発電所の原子炉建屋及び主要構造物の基礎地盤となっている。経済産業省は、同注意喚起の中で「**天然ガス噴出の危険性は低いものと考えられる**」と記しながらも、「**注意は怠らないほうが良いといえる**」と記しており、原子炉建屋等の基礎地盤となっている相良層に、天然ガスが貯留されている可能性があることを示している。

　なお、この地域のガス貯留を証明するかのように、焼津市内には現在もガス井

戸があり、ガスが採取されている。

（b）浜岡原子力発電所隣接域での石油と地下ガス

この地域の『ふるさと百話　9巻』（注 7-17）の「相良油田」によれば、この相良油田の里周辺だけでなく、浜岡原子力発電所に近接している旧白羽村（現御前崎市、浜岡原発東方約 2km）及び旧地頭方村（現牧之原市、浜岡原発北東方約 3km）等でも、次の通り、過去石油が採取されていた（参照：図 7-3）。

> 白羽には深さ六十三間（約 110m）に達した一井があって、明治 7 年 2 月から 8 月まで百十余石（19.8KL）出油したが、水害のため廃絶した。旧、地頭方村落居にも一井あって戦前まで操業していた。

また、『東南海地震（1944 年発生）の全体像　静岡県における再調査（1986 年発行）』（注 7-18）に、旧新野村（現御前崎市、浜岡原発北北西約 6km）で「地割れにともなう噴水、各所でみられる。田からメタンガスが発生、数日つづく」と、メタンガス噴気が地震時にあったことが記録されている。

（2）浜岡原子力発電所周辺での液化流動

（a）東南海地震

東南海地震は、第二次世界大戦末期に起きたため、当時、被害等は極秘情報と

して扱われたが、戦後公表されると共に再調査等によって被害の実態が明らかになっている。

『極秘　昭和19（1944）年12月7日東南海大地震調査概報』（注7-19）の中の「静岡県下震災地踏査報告」に、浜岡原子力発電所近隣での報告がある。以下、白羽村（現御前崎市）及び千濱村（現掛川市）の事例を抜粋する（参照：図7-3）。

> 白羽村：今回の地震で**神子新田**には半径1米（m）程の泥丘が無数に生じて青砂を噴き水を1米（m）の高さに噴いたとの事でその辺は水田を埋立てた所（沖積地盤）であるとの事であった。
> 千濱村：浜に接した砂丘地帯には地割れ多く砂地の畑に噴砂丘が多数生じ青砂を噴いた。

液化流動が生じた白羽村 〝**神子新田**〟は浜岡原発の東方約1km、千濱村は同西方約7kmであり、両地点の間に浜岡原発は位置している。また、戦後（1982年）の再調査である『昭和19年　東南海地震の記録―静岡県中遠地域を中心として―』（注7-20）には、地割れ、噴水・噴砂現象が生じた地点が図面に示されており、「図7-4　1944年東南海地震による浜岡原子力発電所隣接地での地割れ、噴水・噴砂現象発生平面図」は、その抜粋であり、原発用地付近（境界から500m程度の範囲）で、液化流動に伴って発生する現象が生じていたことが確認できる。さらに、旧佐倉村での体験談が、以下の通り記されている。

> ・国道150号線中部電力原子力発電所入口（駒取）付近の道路に幅20cm位長さ50cm位の地割れができた。家の井戸からは砂がふき出し水は出なくなった。畑の中からも水と砂がふき出て一週間位とまらなかった。
> ・弁天池の水が津波のようにおしよせた（水があふれた）（弁天池は浜岡原子力発電所北方約1kmにある）。

旧佐倉村 〝**駒取**〟とは、中部電力駒取寮が建っている付近であり、当時の地図によれば、この付近には民家はほとんどなく、建物被害はなかったが、激しい液化流動が生じていたようである。

浜岡原子力発電所周辺で、地震時にガス噴気があったことは、これら事例に留まらないだけでなく、現在も、上記弁天池の池底には、ガスがあり、その付近の

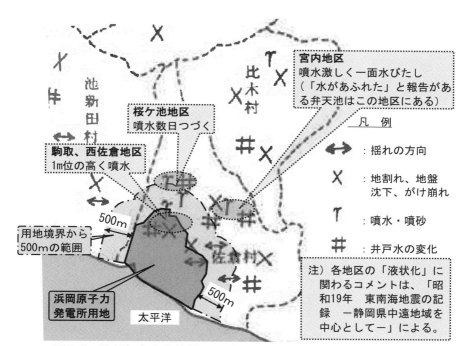

凡　例

←→ ： 揺れの方向

✕ ： 地割れ、地盤
　 　 沈下、がけ崩れ

⊤ ： 噴水・噴砂

： 井戸水の変化

注）各地区の「液状化」に
関わるコメントは、「昭
和19年　東南海地震の記
録　－静岡県中遠地域を
中心として－」による。

宮内地区
噴水激しく一面水びたし
（「水があふれた」と報告があ
る弁天池はこの地区にある）

桜ケ池地区
噴水数日つづく

駒取、西佐倉地区
1m位の高く噴水

**用地境界から
500mの範囲**

500m

500m

**浜岡原子力
発電所用地**

太平洋

図7-4　1944年東南海地震による浜岡原子力発電所隣接地での
地割れ、噴水・噴砂現象発生平面図

田んぼの地表付近にもガスがあり、そのガスは可燃性ガスである。

　これら周辺状況から、原発用地内でも地下ガス噴気が生じる可能性があると考えざるを得ない。

（b）駿河湾の地震

　2009年、駿河湾を震源とする地震が発生し、浜岡原子力発電所にも被害が生じた。その時のトラブル概要を、表7-1-1と同じ形式で「表7-1-2　中部電力のトラブル情報等の区分方法とその事例」（参照：p209）に示す。そのトラブルによる被害は、以下に記すように、必ずしも明らかになっていない。なお、この地震に名称は付けられていないが、中部電力の報告書等にならい、本書でも「駿河湾の地震」とする。

参考　7-5　駿河湾の地震の概要

　理科年表の「日本付近のおもな被害地震年代表」に次の通り記されている。

　2009（平成21）8　11、M6.5　Mw6.2

　駿河湾（震源）：（中略）初めて東海地震観測情報が出されたが、東海地震には結びつかないと判定された．死1、傷319、住家全壊0、半壊6．最大震度6弱（静岡県4市）で、家具などによる負傷が多かった．（以下省略）

　地震により、浜岡原子力発電所では、発電中の発電機が緊急停止した。その日の夕刊（静岡新聞）で「中部電力によると外部への放射能の影響はなく、これまでに発電所の安全に影響を及ぼす被害も出ていない」と報道されたが、周辺各地で地震被害が発生した。

　この地震により、駿河湾西側（浜岡原発方）沿いの多くの地点で液化流動が発生し、文献「2009年8月11日　駿河湾地震による地盤の液状化とそれに伴う被害について」（注7-21）で、「駿河湾地震では、焼津市焼津港、焼津市飯淵、牧之原市、御前崎市の4つの地域にて液状化現象の痕跡を確認し、調査を実施した」と報告された。

　また、地震翌日の朝刊（8月12日、静岡新聞）で原子力発電所の被害として「放射能物質にかかわらない事象では、1号機の取水槽周辺で地盤沈下（最大15cm程度）や隆起（同20cm程度）が見つかった」と報じられた。さらに、同日午後1：30、中部電力の「地震発生後の浜岡原子力発電所の状況について」（注7-22）と題された資料が公表された。その資料の中に、不適合事象の件名「取水槽まわりの地盤沈下等」があり、その内容・対応方針は「地盤沈下（30m×20m、最大15cm程度）（中略）確認した」「立入禁止措置実施」「今後、補修方法を検討のうえ補修実施」等と記された。ただし、この不適合事象に対する中部電力の評価は、4つの区分の中で最も下の「-」であった。

　中部電力の不適合区分の解説より、その区分の中の下位二つを確認すると、以下の通りとなっている。

クラス外：運転管理、点検、補修等で発見されたもので、即時対応により処
　　　　理可能なため識別管理不要な軽微な不備
「―」　　：浜岡原子力発電所における保安活動に係る品質マネジメントシス
　　　　テム以外の不備

　ニューシアへは、翌年1月28日に最終報告され、件名「取水槽まわりの地盤
沈下等」がその報告に含まれたが、その報告は以下の通りで、その実態は明らか
になっていない。

　この地震によるトラブル等の登録数は2つであった。登録された1つが「品
質保全情報」で、その中に2件が記され、もう1つが「その他情報」で、そ
の中に51件が記された。「その他情報」の51件の中の1件が「取水槽まわり
の地盤沈下等」で、対応策の欄に「補修を行った」とだけ記された。

　つまり、この不適合事象「取水槽まわりの地盤沈下等」は、地震発生の翌日、
新聞で地盤沈下があったと報道され、その地盤沈下に対して〝立入禁止措置〟が
実施されながら、評価が「―」で、中部電力社内の〝品質マネジメントシステ
ム〟の中では、管理すべき項目となっていない。また、〝品質マネジメントシス
テム以外の不備〟であるならば、何らかの基準等に基づいて、ニューシアでの最
終報告に記されたように〝補修を行った〟と考えられるが、どのような基準に基
づき、どのように補修されたか等、その実態は明らかにされていない。

　駿河湾の地震及び中越沖地震の時に、原子力発電所内で発生した地盤沈下等に
対する評価はともに低く、違いもあった。前者は、社内での評価区分は一番下
（「品質マネジメントシステム以外の不備」）でも、ニューシアに登録された。一方、
後者は、社内での評価区分は下から二番目（「軽微な不適合事象等」）で、ニュー
シアには登録されなかった。なぜ、社内評価、ニューシアへの登録に違いがあっ
たか、評価・登録等に課題があるようであるが、それ以上に大きな課題は、地盤
沈下等の実態調査・再発防止であり、次の2点である。

①この地盤沈下等の〝社会的重要性〟は鑑みられることなく、その実態が明らかにされていない。

②ニューシアでは〝水平展開対策検討〟が「要」と判断されなかったため、国内各社に知らされることがなく、再発防止策は立てられていない。

(3) 浜岡原子力発電所の課題

(a) 設置申請時からの課題

浜岡原子力発電所原子炉設置申請書は、1970（昭和45）年5月、国に提出された。その添付書類である『原子炉施設を設置しようとする場所に関する気象、地盤、水理、地震、社会環境等の状況に関する説明書』（注7-23）の「1.3 地質」に、基礎地盤等に関し、次の通り記されている。

> 調査結果によると相良層は砂岩と泥岩の互層であり、その性状は堅硬である。（中略）また、この地域には原子力発電所の基礎として問題となる（中略）規模の断層または破砕帯は見当らない。

さらに、同申請書に関する参考資料「第64部会 参考資料」（注7-24）が、国に提出されており、その中の「64部-12、浜岡原子力発電所設計用最大加速度300galの根拠」に、「地震強さを予想するに当り、まず各種の史料からその被害状況を調査した」とあり、過去の地震による被害が記され、その抜粋は次の通り。

> 震害は主として河川に沿う沖積地盤地域に集中している。しかしながら発電所敷地のように岩石地盤で構成されたところではほとんど被害らしきものが見当らないようである。

この申請以前の東南海地震時に、「液状化」は、旧白羽村〝神子新田〟等の〝沖積地盤地域に集中〟して発生しただけでなく、旧千濱村の砂丘地でも発生し、その被害が顕著であったことは、〝史料（極秘 東南海大地震調査概報等）〟で明らかになっていた。しかし、申請書において、基礎地盤は〝堅硬〟で〝断層または破砕帯は見当らない〟とし、過去の地震被害も〝ほとんど被害らしきものが見当たらない〟と記されただけであった。この「液状化」に関して、調査・検討等が十分でなかったようである。

（b）これまでの課題

　浜岡原子力発電所には、原子炉設置申請当時から、課題があっただけでない。2007年の中越沖地震及び2011年の東日本大震災等の被害の実績を踏まえ、現在多くの原子力発電所において、原発訴訟が起きており、この浜岡原発に関しても、「中部電力浜岡原子力発電所5号機運転差止仮処分命令申立書」が2012（平成24）年12月に出され、地震時の「液状化」の危険性等が裁判で争われ、現在（2020年12月）も続いている。

　また、東日本大震災後、各原子力発電所の再稼働に当たって、原子力規制委員会による「原子力発電所の新規制基準適合性に係る審査会合」で、多様な課題が検討されており、その課題の一つに「液状化」がある。浜岡原子力発電所も2015（平成27）年より再稼働のための審査を受けていて、一つの審査項目として「敷地内の地質・地質構造」があるが、その審査対象のほとんどが断層であり、過去に液状化が生じたとの視点から検討されることはなく、「液状化」は審査の対象にもなっていない。

（c）新たな課題

　「液状化」の課題があるだけでなく、新たな課題がある。1944年の東南海地震時、この付近で液化流動が発生し、地下ガス噴気が発生していたことは、史料に記録され、さらに、この原子炉建屋の基礎地盤である〝**相良層**〟は、〝**主な天然ガス胚胎層**〟であることが経済産業省から報告されている。地震時に、これまで想定されていなかった相良層から地下ガス噴気が発生し、その噴気によって液化流動が起き、そこに発火源があれば火災が起きる可能性があることを否定することはできない。発電所設備にどのような被害が生じるのか、新たな課題であり、検証されなければならない。

　ニューシアの運用の手引きには、「**事象の発生状況を蓄積し、傾向分析することにより、他のプラントで適切な予防保全対策に繋げることができる**」と記されている。しかし、その実態は、駿河湾の地震時に〝**事象の発生状況を蓄積し、傾向分析することにより**〟、地下ガス噴気に関する新たな知見を得るチャンスがあったにもかかわらず、それらを分析・解明する機会を失い、「再発防止策が不

適切な災害」の〝予防保全対策〟が立てられていない。地震時の地下ガス噴気による多くの事象は、私たち人間に警鐘を鳴らしているのであり、その警鐘を理解し、その対策が立てられれば、災害発生は避けられるが、その警鐘が生かされていないようである。

〈あとがき〉

・我等国民は、常に噴火山上に立っている

　日本の自然災害史上最悪の被害をもたらした関東大震災は、史上最悪の大火でもあった。震災関連の報告書の中で、地震を科学的視点からとらえた『関東大震大火全史』（注 00-1）には、数多くの爆発の体験談があり、それらが考慮されたのか、「**地震国と称されるる我等国民は、常に噴火山上に立っている……**」と、その「序」に記された。

　また、第四章に記した東京下町低地における可燃性ガスの噴出トラブル発生当時、新聞に「**火薬庫の上に住んでいるようなものだ**」と住民の話として記事が載った。地下ガス貯留の実態を考慮すれば、これら〝噴火山上〟或いは〝火薬庫の上〟の記載は、その本質を突いていて、私たちはガス田上に住んでいることを表現している。

　私たちは地下ガスが見えないため、ガス田上に住んでいることを見落とし、地震時だけでなく、気圧低下時にも、その影響を受け、人災が引き起こされている。また、このような人災が起きる可能性がある都市は、日本だけでなく、世界各地にあり、その可能性は原発用地内にもある。

　近年においても大きな地震がある度に、その地震規模・被害等が関東大震災等の大きな地震と比較され、その地震後、対策が立てられ、関東大震災も忘れ去られないようになっている。しかし、従来の考え方による対策の見直しと、その震災を忘れないようにするだけでは、先人の悲惨な経験を生かせず、関東大震災と同じような、或いはさらに悲惨な災害を引き起こしてしまう可能性がある。私たちはガス田上に住んでいることを自覚し、地下ガス噴気と災害の因果関係を科学的に明らかにし、その対策を立て、防災・減災に努めなければならない。

・地下ガス挙動と科学（ニュートンのプリンキピアより）

　ニュートンが著した「自然哲学の数学的原理（通称プリンキピア）」（『世界の名著　31　ニュートン』〈注 00-2〉による）に記された規則があり、本書の内容を以下の 2 つの規則に当てはめると次の通りとなる。

> 規則 I：自然界の事物の原因として、真実でありかつそれらの(発現する)諸現象を説明するために十分であるより多くのものを認めるべきではないこと。

　ここで、提起する仮説は、次のただ一つ、「自然災害の原因には、『地下ガス挙動』がある」である。地下ガス噴気は、その地下ガス挙動が地表に現れる一瞬であり、火災を起こしている。

> 規則 II：したがって、自然界の同種の結果は、できるかぎり、同じ原因に帰着されねばならない。

　地表で起きる「地下ガスによる火災」や地下で起きる地盤の擾乱等の解明されていない現象は、自然現象として起きる「地下ガス挙動」に帰着している。

・めったに起こらなくとも、必ず起きる

　我が国には、色々なことわざが残っている。その一つに「井戸から火の出たよう」がある。『故事・俗信　ことわざ大辞典』(注 00-3)によれば、「まず、めったに起こらないこと。思いがけないことのたとえ」と記され、この〝思いがけない〟とは、「思いもよらず。予期しなかったため」(広辞苑より)であり、このことわざの解釈は適切でない。

　『あゝ石岡大火災』(前掲)に「道端の共同井戸の底が深い水際まで焼け込んでいるには驚いた」と記されているように、井戸から地下ガス噴気があり、そこに発火源があれば、ことわざ「井戸から火の出たよう」な現象は、少なからず起きているのである。そして、この現象は「地下ガス挙動」に帰着していて、この挙動の一部である井戸等からの地下ガス噴気は〝予期〟されなければならない。

　また、「東京下町低地における可燃性天然ガスの噴出について」(前掲)で、古井戸からのガス噴気によるトラブルがあるのに対し、その古井戸の実態が不明とされ、その最後に次の通り記されている。

> 　メタンガスの噴出は、人命にかかわる問題でもあり、(中略)住民等の生命と安全を守る手段の確立と、今後の調査、研究を進める必要がある。(中略)
> 　今回の報告は、(中略)ガス発生箇所を個々に検討をしたものでなく、総

> 論的にとりまとめたものであり、今後個々の噴出箇所についての<u>各論的な詳細な調査</u>をおこなって、対策を進める必要がある。

　本書もこの報告書同様、地下ガスによる火災を〝<u>総論的にとりまとめたもの</u>〟であり、同等の内容であると言えるかもしれない。しかし、違う点があり、〝<u>各論的な詳細な調査</u>〟より、先ず、「地下ガスによる火災は、〝<u>めったに起こらなくとも、必ず起きる</u>〟」と説くことである。

　「はじめに」で、放射線・ウイルスと共に地下ガスは見えないと記した。しかし、地下ガスは、水面に浮かぶ泡、アイスバブル、液化流動時の水の吸い込み現象等々で、画像として、或いは映像として、撮られており、それらはインターネット上に数多く公開されており、ほとんどすべての人が見ることができる。
　地下ガス噴気によって災害が発生することはあるが、災害にならないことの方がはるかに多く、地下ガス噴気そのものは災害ではなく、私たちに災害発生の警鐘を鳴らしていると、とらえることもできる。そして、本書もその警鐘の一つであり、先ず、この地下ガスを一人一人に理解してもらいたい。

　本書の出版に協力していただいた方々、また、本書の内容、特に、「地下ガスとの共生」に関して、直接的ないし間接的に協力していただいた方々に、深く感謝申し上げる。また、前著『地下ガスによる液状化現象と地震火災』に対して、面識がないにもかかわらず、貴重な助言等をいただいた方々に、さらに、地下ガスの現地調査時、初対面である筆者に対し、ヒアリング・調査等に快く協力していただいた方々に、心よりお礼申し上げる。本書は、未解明の分野を取り上げており、筆者の理解不足及び至らない点に関してはご容赦いただき、この新たな課題を理解・共有し、地下ガスと共生する社会を作るために、共に行動してもらえれば幸甚です。

〈参考文献〉

序章

文献 0-1　編集　ジャック・チャロナー（小巻靖子　他 3 名　訳）『人類の歴史を変えた発明 1001』（ゆまに書房、2011 年 1 月）

文献 0-2　堀江博『地下ガスによる液状化現象と地震火災』（高文研、2017 年 1 月）

文献 0-3　地学団体研究会編『新版地学事典』（平凡社、1996 年 10 月）

文献 0-4　エラーヌ・フォックス（森内薫　訳）『脳科学は人格を変えられるか？』（文藝春秋、2014 年 7 月）

文献 0-5　原編者　もりきよし、改訂編者　日本図書館協会分類委員会『日本十進分類法 新訂 10 版』（公益社団法人日本図書館協会、2014 年 12 月）

第一章

文献 1-1　インターネット情報　糸魚川市大規模火災を踏まえた今後の消防のあり方に関する検討会（座長　室﨑益輝）『糸魚川大模火災を踏まえた今後の消防のあり方に関する検討会報告書』（2017 年 5 月）
（https://www.fdma.go.jp/singi_kento/kento/items/kento209_15_houkokusyo.pdf　2020.11.6）

文献 1-2　消防庁『新潟県糸魚川市大規模火災（第 13 報）』（2017 年 1 月 20 日）

文献 1-3　インターネット情報　『平成 29 年（わ）第 68 号　業務上失火被告事件』（新潟地方裁判所高田支部判決、2017 年 11 月）
（https://www.courts.go.jp/app/files/hanrei_jp/273/087273_hanrei.pdf　2020.11.6）

文献 1-4　京都大学防災研究所編『防災学ハンドブック』（朝倉書店、2001 年 4 月）

文献 1-5　インターネット情報　国土交通省国土技術政策総合研究所、国土研究開発法人建築研究所『平成 28 年（2016 年）12 月 22 日に発生した新潟県糸魚川市における大規模火災に係る現地調査報告（速報）』（2017 年 1 月）（https://www.kenken.go.jp/japanese/contents/topics/2017/itoigawa.pdf　2020.11.6）

文献 1-6　糸魚川市『糸魚川市史　昭和編 2』（糸魚川市、2006 年 3 月）

文献 1-7　地質調査所燃料部石油課「天然ガス徴候の見方と見つけ方」（『地質ニュース No.53』、1959 年 1 月）

文献 1-8　地質調査所『糸魚川地質説明書』（東京地学協会、1936 年 8 月）

文献 1-9　経済産業省関東東北産業保安監督部『自然環境に由来する可燃性天然ガスの潜在的リスクについて』（2012 年 8 月）

文献 1-10　山岸洋一「糸魚川市内遺跡における地震痕跡と自然災害」（『災害・復興と資料 第 8 号（新潟大学災害・復興科学研究所被災者支援研究グループ）』、2016 年 3 月）

文献 1-11　インターネット情報　『河川堤防の被災状況と復旧状況』（https://www.mlit.go.jp/river/shinngikai_blog/koukikakuteibou/dai2kai/dai2kai_siryou1-2.pdf　2020.11.6）

文献 1-12 　水田亮　他 2 名「劣化した油脂等の酸化発熱に関する検証」(『消防技術安全所報
51 号』、2014 年)

第二章

文献 2-1 　浦部徹郎「深層天然ガスとは」(『季報　エネルギー総合工学〈一般財団法人　エ
ネルギー総合工学研究所〉Vol. 5-4 』、1992 年度)

文献 2-2 　企画編集　ワールドウォッチ研究所『地球環境データブック　2011-2012』(ワー
ルドウォッチジャパン研究所、2012 年 2 月)

文献 2-3 　インターネット情報　『海の未来　―海洋基本計画に基づく政府の取組―』(内
閣官房総合海洋政策本部事務局) (https://www8.cao.go.jp/ocean/info/youth_
plan/pdf/uminomirai_print.pdf　2020.11.6)

文献 2-4 　緒方惟章　訳『現代語で読む歴史文学　古事記』(勉誠出版、2004 年 6 月)

文献 2-5 　新津古文庫研究会編『懲震毖録』(新津古文庫研究会、2006 年 7 月)

文献 2-6 　大森正雄『石油産業発祥の地　出雲崎』(発行日　記載なし、出雲崎　石油記念館
で、2017 年 8 月 11 日　購入)

文献 2-7 　松嶋重雄『建築の儀式と地相・家相』(理工学社、2001 年 7 月)

文献 2-8 　大後美保編『天気予知ことわざ辞典』(東京堂出版、1984 年 6 月)

文献 2-9 　天然ガス対応のための関係官公庁連絡会議編『施設整備・管理のための天然ガス対
策ガイドブック』(国土交通省関東地方整備局東京第二営繕事務所、2007 年 3 月)

文献 2-10 　監修者　竹内均『地球環境調査計測事典　第 1 巻　陸域編』(フジ・テクノシステ
ム、2002 年 12 月)

文献 2-11 　中村久由　他 1 名「岡谷市下浜沖 “弁天釜” 付近調査報告」(『地質調査月報　第
3 巻　第 12 号』、1952 年)

文献 2-12 　安間恵　他 5 名「諏訪湖湖底の構造調査と環境地質」(『地質学論集　第 36 号』、
1990 年 11 月)

文献 2-13 　江戸遺跡研究会編『甦る江戸』(新人物往来社、1991 年 4 月)

文献 2-14 　堀越正雄『水道の文化史』(鹿島出版会、1981 年 12 月)

文献 2-15 　監修者　清水幾太郎『手記　関東大震災　―関東大震災を記録する―』(新評論、
1975 年 7 月)

文献 2-16 　東京大学百年史編集委員会編『東京大学百年史　通史 2 』(東京大学出版会、
1985 年 3 月)

文献 2-17 　山口林造「東京大学構内深井戸の水位変化」(『関東大地震 50 周年論文集（東京大
学地震研究所）』、1973 年 8 月)

第三章

文献 3-1 　消防庁防災情報室『平成 27 年　火災年報（第 72 号）』　毎年発行あり

文献 3-2 　防災行政研究会編（総務省消防庁防災課内）『火災報告取扱要領ハンドブック』(東

京法令出版　2001 年 7 月）

文献 3-3　　消防庁『消防白書　平成 28 年版』（消防庁、2016 年 12 月）

文献 3-4　　編者　黒板伸夫　他 1 名『日本史料　日本後紀』（集英社　2003 年 11 月）

文献 3-5　　矢野建一「『神火』の再検討」（『史苑（立教大学史学会）』、1997 年 12 月）

文献 3-6　　東京市役所編『東京市史稿　変災編　第五』（東京市役所、1917 年 8 月）

文献 3-7　　亀井幸次郎「新潟市大火調査報告」（『日本火災学会誌　火災 通巻 21 号』、1956 年）

文献 3-8　　魚津市市史編纂準備室編『魚津大火復興 50 周年記念誌　魚津大火』（魚津市、2006 年 9 月）

文献 3-9　　自治省消防庁消防研究所「酒田市大火の延焼状況等に関する調査報告書」（『消防研究所技術資料　第 11 号』、1977 年 10 月）

文献 3-10　小池和彌『知らぬと危ないガスの話』（裳華房、1990 年 11 月）

文献 3-11　国際科学振興財団編『科学大辞典』（丸善、2005 年 2 月）

文献 3-12　インターネット情報　IPCC（気候変動に関する政府間パネル）『気候変動 2013 自然科学的根拠　技術要約　気候変動に関する政府間パネル第 5 次評価報告書第 1 作業部会報告書』（2016 年、翻訳　気象庁）（https://www.data.jma.go.jp/cpdinfo/ipcc/ar5/index.html　2020.11.6）
　　　　　　（第三章に示す「メタンガス循環図」は、同報告書の「Carbon and Other Biogeochemical Cycles」〈https://www.ipcc.ch/site/assets/uploads/2018/02/WG1AR5_Chapter06_FINAL.pdf　2020.11.6〉による）

文献 3-13　国立天文台編『環境年表　2019-2020』（丸善出版、2018 年 11 月）

文献 3-14　北嶋秀明『世界と日本の激甚災害事典』（丸善出版、2015 年 7 月）

文献 3-15　青木孝　他『地球惑星科学 14　社会地球科学』（岩波書店、1998 年 3 月）

文献 3-16　内藤玄一　他 1 名『地球科学入門』（米田出版、2002 年 4 月）

文献 3-17　国立天文台編『理科年表　平成 30 年版　第 91 冊』（丸善出版、2017 年 11 月）

文献 3-18　監修者　和達清夫『最新気象の事典』（東京堂出版、1993 年 3 月）

文献 3-19　佐藤武夫　他 2 名『災害論』（勁草書房、1964 年 5 月）

第四章

文献 4-1　　小鹿島果『日本災異志』（日本鉱業会、1894 年 1 月）（復刻版　地人書館、1967 年 8 月）

文献 4-2　　西野順也『火の科学　エネルギー・神・鉄から錬金術まで』（築地書館、2017 年 3 月）

文献 4-3　　北海道社会事業協会編『函館大火災害誌』（北海道社会事業協会　1937 年 3 月）

文献 4-4　　渡辺鉄蔵『大正震災所感』（修文館、1924 年 5 月）

文献 4-5　　大日本消防協会編「函館市の大風大火災」（『大日本消防 8（4）〈大日本消防協会〉』、1934 年）

文献 4-6　　林野庁森林保全課業務班「4 月 27 日に発生した東北地方の林野火災被害とその対策」（『雑誌　森林技術　No.498』、1983 年 9 月）

文献 4-7　　黒木喬『江戸の火事』（同成社、1999 年 12 月）

文献 4-8　　永寿日郎『江戸の放火　火あぶり放火魔群像』（原書房、2007 年 5 月）

文献 4-9　　日本火災学会編『火災便覧　第 4 版』（共立出版、2018 年 11 月）

文献 4-10　　菅原進一『都市の大火と防火計画　その歴史と対策の歩み』（日本建築防災協会、2003 年 11 月）

文献 4-11　　自治省消防庁消防研究所「林野火災の飛火延焼に関する研究」（『消防研究所研究資料　第 21 号』、1988 年 3 月）

文献 4-12　　函館消防本部編『函館大火史』（函館消防本部、1937 年 7 月）

文献 4-13　　著作兼編纂人　今泉哲太郎『あゝ石岡大火災　惨絶！　昭和の紅蓮地獄』（太平堂書店、1930 年 3 月）

文献 4-14　　宮崎揚弘『函館の大火』（法政大学出版局、2017 年 1 月）

文献 4-15　　矢島鈞治『1666 年　ロンドン大火と再建』（同文館出版、1994 年 1 月）

文献 4-16　　寺田寅彦「ロンドン大火と東京大火（日本消防新聞、昭和 3 年 1 月）」（『岩波書店、寺田寅彦全集　第 15 巻』、1998 年 2 月）

文献 4-17　　編者　見田宗介　他 2 名『社会学事典』（弘文堂、1988 年 2 月）

文献 4-18　　清水幾太郎『流言蜚語』（筑摩書房、2011 年 6 月（再発行））

文献 4-19　　饒村曜『台風物語』（日本気象協会、1986 年 2 月）

文献 4-20　　鎌本博夫「低気圧の通過と炭鉱のガス濃度の関連について」（『気象庁研究時報』、1968 年 3 月）

文献 4-21　　東京都土木技術研究所「東京下町低地における可燃性天然ガスの噴出について」（『東京都土木技術研究所特別報告　第 1 号』、1993 年 3 月）

文献 4-22　　青森地方気象台「昭和 41 年 1 月 10 〜 11 日の日本海低気圧通過時の強風に伴なう三沢市大火に関する異常気象速報」（『昭和 41 年異常気象速報 第 2 号』、1966 年 1 月）

文献 4-23　　宮澤清治『近・現代　日本気象災害史』（イカロス出版、1999 年 6 月）

文献 4-24　　日本建築学会編『東日本大震災合同調査報告　建築編 7　火災 / 情報システム技術』（日本建築学会、2016 年 9 月）

第五章

文献 5-1　　地質調査所「関東地震調査報告第一」（『地質調査所特別報告第一号』、1925 年 3 月）

文献 5-2　　那須信治「地盤震害と地盤調査の必要性」（『関東大地震 50 周年論文集（東京大学地震研究所）』、1973 年 8 月）

文献 5-3　　山本実編『大正大震火災誌』（改造社、1924 年 6 月）

文献 5-4　　高濱信行　他 9 名「新潟県における歴史地震の液状化跡—その 1 −」（『新潟大学積雪地域災害研究センター研究年報 第 20 号』、1998 年）

文献 5-5　　銭鋼（孫国震　他 1 名　訳）『二十四万人の屍　ドキュメント唐山大地震』（日中出版、1988 年 9 月）

文献 5-6　　震災予防調査会編『震災予防調査会報告　第百号』（1925 年 3 月）

文献 5-7　　丸岡町震災記念誌編纂委員会編『お天守がとんだ　丸岡町・福井大震災追想誌』（福井県丸岡町、2000 年 4 月）

文献 5-8　墨田区役所総務部防災課編『関東大震災体験記録集』（墨田区役所、1977 年 3 月）

文献 5-9　高橋重治編『帝都復興史　第三巻』（復興調査協会、1930 年 6 月）

文献 5-10　川本昭雄『隅田公園（東京公園文庫　40）』（郷学舎、1981 年 10 月）

文献 5-11　日本国語大辞典第二版編集委員会　小学館国語大辞典編集部編『日本国語大辞典』
（小学館、2000 年）

文献 5-12　インターネット情報　福富邦洋『刈羽村刈羽（稲葉）地区における液状化等によ
る建物・宅地被害の再建課題』（新潟大学災害復興科学センター）（http://www.
nhdr.niigata-u.ac.jp/pdf/c_fkd0727.pdf　2020.11.6）

文献 5-13　消防問題研究会「再燃山林火災訴訟　－盛岡地裁平成 8 年 12 月 27 日判決－」
（『雑誌　消防通信〈消防通信社〉25(1)』、1998 年 1 月）

文献 5-14　監修　日本自然災害学会『防災事典』（築地書館、2002 年 7 月）

文献 5-15　インターネット情報　ANN　NEWS「2011 年 3 月 11 日　東日本大震災仙台空港
での地震発生の瞬間〜押し寄せる津波」（https://youtu.be/mk68bZ701s0?t=340
2020.11.6）

文献 5-16　青木斌　他 1 名『海底火山の謎』（東海大学出版会、1974 年 12 月）

第六章

文献 6-1　藤縄克之『環境地下水学』（共立出版、2010 年 1 月）

文献 6-2　インターネット情報　小林儀一郎「間欠温泉に似たる石油自噴井」（『地質学雑
誌 16 巻 187 号』、1909 年 ）（https://www.jstage.jst.go.jp/article/geosoc1893/
16/187/16_187_148/_article/-char/ja/　2020.11.6）

文献 6-3　日本生気象学会編『生気象学の事典』（朝倉書店、1992 年 9 月）

文献 6-4　佐藤純『天気痛　つらい痛み・不安の原因と治療方法』（光文社、2017 年 5 月）

文献 6-5　大塚富男　他 3 名「群馬県烏川中流域のテフラ層中にみられる液状化現象とその
意義」（『第四紀研究 36（2）』、1997 年 5 月）

文献 6-6　日本混相流学会編『混相流ハンドブック』(朝倉書店、2004 年 11 月)

文献 6-7　藤野至人『火災消防研究』（大日本消防学会、1940 年 7 月）

文献 6-8　インターネット情報　「地震時における出火防止対策のあり方に関する調査検討報
告書について」（総務省消防庁、1998 年 7 月 ）（http://www.bousai.go.jp/jishin/
syuto/denkikasaitaisaku/1/pdf/sankou_1.pdf　2020.11.6）

文献 6-9　James G.Quintiere（大宮喜文　他 1 名　訳）『基礎　火災現象原論』（共立出版、
2009 年 4 月）

文献 6-10　『帝国大学新聞』（1925（大正 14）年 9 月 28 日、東京大学総合図書館（本郷キャ
ンパス）所蔵）

文献 6-11　望月利男　他 1 名『都市研究叢書　巨大地震と大東京圏』（日本評論社、1990 年
9 月）

文献 6-12　田中広明　他 1 名『古代東国の考古学 2、古代の災害復興と考古学』（高志書院、
2013 年 5 月）

文献 6-13　田中広明「深谷市皿沼西遺跡（第 5 次）の調査」（『第 43 回遺跡発掘調査報告会

発表要旨（埼玉考古学会、埼玉県埋蔵文化財調査事業団、埼玉県さきたま史跡の博物館）』、2010 年 7 月）

文献 6-14　国立文化財機構奈良文化財研究所編『発掘調査のてびき　－集落遺跡発掘編－』（同成社、2010 年 5 月）

文献 6-15　衆議院、参議院編『議会制度百年史　- 別冊 -、目で見る議会政治百年史』（大蔵省印刷局、1990 年 11 月）

第七章

文献 7-1　原子力安全委員会『平成 19・20 年度版　原子力安全白書』（内閣府、2009 年 3 月）

文献 7-2　インターネット情報　ニューシア（NUCIA）『原子力施設情報公開ライブラリー』（http://www.nucia.jp/aboutnucia.html　2020.11.6）

文献 7-3　柏崎市史編さん委員会編『柏崎市史　下巻』（柏崎市史編さん室、1990 年 3 月）

文献 7-4　刈羽村物語編さん委員会編『刈羽村物語』（刈羽村役場、1971 年 3 月）

文献 7-5　日本石油、日本石油精製社史編さん室編『日本石油百年史』（日本石油、1988 年 5 月）

文献 7-6　品田光春「昭和初期の高町油田に関する地図資料」（『高崎商科大学紀要　高崎商科大学メディアセンター編』、2013 年）

文献 7-7　島津光夫『新潟の石油・天然ガス開発の 130 年』（野島出版、2000 年 6 月）

文献 7-8　地学団体研究会新潟支部中越沖地震調査団編『柏崎・刈羽をおそった地震の被害と地盤　-2007 年新潟県中越沖地震 -』（地学団体研究会、2008 年 8 月）

文献 7-9　家村浩和「5 学会合同による柏崎刈羽原子力発電所中越沖地震被害調査と報告」（『第 3 回近年の国内外で発生した大地震の記録と課題に関するシンポジウム（土木学会地震工学委員会　編）』、2010 年 11 月）

文献 7-10　東京電力『柏崎・刈羽原子力発電所原子炉設置許可申請書本文及び添付書類の一部補正』（東京電力、1977 年 7 月）

文献 7-11　インターネット情報　経済産業省　プレスリリース『新潟県中越沖地震による柏崎刈羽原子力発電所への影響に関する IAEA 調査団報告書（結論部分）の発表について』（経済産業省 原子力安全・保安院、2007 年 8 月）（https://www.montreal.ca.emb-japan.go.jp/pdf/newsrelease070818.pdf　2020.11.6）

文献 7-12　田村裕之　他 2 名「東京電力柏崎刈羽原子力発電所内で発生した変圧器火災の調査結果」（『消防研究所報告（総務省消防庁　消防大学　消防研究センター）』、2008 年 9 月）

文献 7-13　吉田昌朗「新潟県中越沖地震の柏崎刈羽原子力発電所への影響と今後の取り組み」（『雑誌　電気評論〈電気評論社〉』、2008 年 7 月）

文献 7-14　焼津市史編さん委員会編『焼津市史　民俗編』（焼津市、2007 年 7 月）

文献 7-15　杉山雄一　他 3 名『地域地質研究報告　御前崎地域の地質』（旧通商産業省工業技術院地質調査所　1988 年 8 月）

文献 7-16　インターネット情報　経済産業省　ニュースリリース『「新潟平野ガス田（水溶性

ガス田）」等に関する調査結果について（静岡大井川河口ガス田を含む）―工業用に地下水を採取する事業者の方々等に対する情報提供と注意喚起―」（経済産業省、2008 年 7 月）（http://www.meti.go.jp/press/20080716002/20080716002.html 2018.9.25）

文献 7-17 　川原崎次郎「相良油田」（『ふるさと百話　9 巻〈静岡新聞社〉』、1973 年）

文献 7-18 　地震予知総合研究振興会『東南海地震の全体像　静岡県における再調査』（静岡県地震対策課、1986 年 2 月）

文献 7-19 　井上宇胤「静岡県下震災地踏査報告」（『極秘　昭和 19 年 12 月 7 日東南海大地震調査概報〈中央気象台〉』、1945 年 2 月、国立国会図書館　所蔵　現在公表済）

文献 7-20 　東南海地震記録集編集委員会編『昭和 19 年　東南海地震の記録　―静岡県中遠地域を中心として―』（静岡県中遠振興センター、1982 年 3 月）

文献 7-21 　太田良巳　他 1 名「2009 年 8 月 11 日　駿河湾地震による地盤の液状化とそれに伴う被害について」（『東海大学紀要　海洋学部　海―自然と文化』、第 9 巻第 2 号、2011 年）

文献 7-22 　インターネット情報　中部電力　プレスリリース「地震発生後の浜岡原子力発電所の状況について」（中部電力、2009 年 8 月）、（www.chuden.co.jp/corporate/.../14/090814.pdf　2018.10.20）

文献 7-23 　中部電力『浜岡原子力発電所原子炉設置申請書、添付書類 6　原子炉施設を設置しようとする場所に関する気象、地盤、水理、地震、社会環境等の状況に関する説明書』（国立国会図書館資料、昭和 45 年 5 月、〈昭和 45 年 11 月　一部訂正〉）

文献 7-24 　中部電力『浜岡原子力発電所原子炉設置申請書、第 64 部会参考資料、「64 部 -12 浜岡原子力発電所設計用最大加速度 300gal の根拠」』（国立国会図書館資料、昭和 45 年 12 月）

あとがき

文献 00-1 　帝都罹災児童救援会編『関東大震大火全史』（1924 年 3 月）

文献 00-2 　ニュートン（河辺六男　訳）『中央バックス　世界の名著　31　ニュートン』（中央公論社、1979 年 5 月）

文献 00-3 　監修　北村孝一『故事・俗信　ことわざ大辞典』（小学館、2012 年 2 月）

堀江 博（ほりえ・ひろし）

1953 年生まれ。栃木県出身。現在千葉県在住。

1976 年東北大学工学部卒業。同年ゼネコン入社。

2013 年定年退職。2019 年退社。

在職中、液状化対策関連工事を含む地下工事の計画・設計・施工等に
関わり、多くのプロジェクトに、シビルエンジニアとして参画。特に、
国内外のプロジェクトで、地下ガス噴出に絡んで生じる「地下ガスの
挙動」の不思議さに遭遇。

退職前より、長年の懸案であった「地下ガスの挙動」の解明に着手。
地震時の液状化現象も地震火災も「地下ガスの挙動」が関わっている
と、前著『地下ガスによる液状化現象と地震火災』（2017 年、高文研）
で説き、本著で、糸魚川大火を含む多くの特異火災は、「地下ガスの
挙動」が関わっていると説く。

科学の俎上に載っていない「地下ガスの挙動」を未解明科学ととらえ、
ライフワークとする。

地下ガスによる火災
―地下ガスとの共生（迷宮入り科学解明）―

● 2021 年 1 月 20 日 ——— 第 1 刷発行

著 者／堀江 博

発行所／株式会社 高文研

　　　東京都千代田区神田猿楽町 2-1-8　〒 101-0064

　　　TEL 03-3295-3415　振替 00160-6-18956

　　　https://www.koubunken.co.jp

印刷・製本／中央精版印刷株式会社

ISBN978-4-87498-745-2　C0044